计算机网络技术专业职业教育新课改教程

网络维护与故障解决

主　编　乔得琢　李宇鹏

副主编　贾鹏宇　史　文　巴音查汗

参　编　马　鑫　曾　涛　李素梅
　　　　史莉梅　向　涛　任大伟

机 械 工 业 出 版 社

本书整体内容以一名技术人员在中小企业内从事网络维护与故障排除工作为蓝本，从熟悉网络性能、网络维护的日常工作、网络故障的检测与排除3个环节进行讲述。读者可以掌握从熟悉、了解网络维护岗位到具体针对中小网络进行日常维护再到综合运用各种方法解决网络故障所需的知识和技能。本书以行为导向培养为重点，围绕工作任务的具体实施，进行知识内容和专业技能的学习，并注重各类工作经验的传承。同时，培养读者三位一体（专业能力、方法能力和社会能力）的职业能力。

本书编写时采纳了许多资深网络维护人员和一线实训教师的意见和建议，并参考了国家和行业的相关技术标准。

本书适合作为职业院校信息技术类专业网络技术类课程的指导用书，也可以作为从事网络维护工作的技术人员的参考用书。

图书在版编目（CIP）数据

网络维护与故障解决/乔得琢，李宇鹏主编. —2版. —北京：机械工业出版社，2016.8（2025.1重印）

计算机网络技术专业职业教育新课改教程

ISBN 978-7-111-54386-2

Ⅰ．①网… Ⅱ．①乔… ②李… Ⅲ．①计算机网络—计算机维护—职业教育—教材 ②计算机网络—故障诊断—职业教育—教材 ③计算机网络—故障修复—职业教育—教材 Ⅳ．①TP393.07

中国版本图书馆CIP数据核字（2016）第172979号

机械工业出版社（北京市百万庄大街22号 邮政编码100037）

策划编辑：梁 伟 责任编辑：梁 伟 陈瑞文

责任校对：马立婷 封面设计：鞠 杨

责任印制：单爱军

北京虎彩文化传播有限公司印刷

2025年1月第2版第8次印刷

184mm×260mm · 13.25印张 · 305千字

标准书号：ISBN 978-7-111-54386-2

定价：35.00元

电话服务   网络服务

客服电话：010-88361066   机 工 官 网：www.cmpbook.com

          010-88379833   机 工 官 博：weibo.com/cmp1952

          010-68326294   金 书 网：www.golden-book.com

封底无防伪标均为盗版   机工教育服务网：www.cmpedu.com

前　言 Preface

随着网络技术的不断成熟和发展，网络在人们的生活、学习和工作中的位置越来越重要。中小网络更是在众多的企事业单位中展现出其巨大的生命力。

随着网络的发展，网络维护工作岗位变得越来越重要。具备针对中小网络的网络维护和网络故障排除的能力已成为网络行业从业人员的一种必需技能。

本书整体内容以一名技术人员对中小网络进行维护和故障排除工作为蓝本，从三大环节进行讲述。读者可以掌握从熟悉、了解网络维护岗位到具体针对中小网络进行日常维护再到综合运用各种方法排除网络故障所需的知识和技能。本书以行为导向培养为重点，围绕工作任务的具体实施，进行知识内容和专业技能的学习，并注重各类工作经验的传承。

本书共3个学习单元，29个具体任务，各学习单元的具体内容如下。

学习单元1：重点讲述针对网络性能参数的掌握、理解和获取方式方法。

学习单元2：重点讲述网络日常维护工作的范畴，从线路维护、设备维护、数据维护、安全维护和网络管理5个方面进行具体讲述。

学习单元3：本单元将常见的网络故障按照线路故障、设备故障和逻辑故障进行分类并重点讲述。

本书内容详实，条理清晰，尽可能多地采用案例教学，在完成基本任务的同时配合大量的必备知识环节和任务拓展环节，让读者在不断实施任务的过程中掌握本书讲述的内容。阅读本书需要读者具备一定的网络基础知识。

本书由乔得琢、李宇鹏任主编，贾鹏宇、史文和巴音查汗任副主编，参加编写的还有马鑫、曾涛、李素梅、史莉梅、向涛和任大伟。

虽然在本书编写过程中编者倾注了大量的心血，但书中仍可能存在疏漏，还请广大读者不吝赐教。

编　者

目 录 **Contents** ▪▪▪ ▪▪▪ ▪▪▪▪ ▪▪▪ ▪▪▪▪

学习单元1
熟悉网络性能

单元概要

本单元着重讲述网络运行的各项参数和网络整体性能。

单元情景

小李刚刚结束两年的在校学习，顺利进入实习期。他选择了一所高职院校的校园网络维护岗位，从事整体网络维护和故障解决工作。作为刚刚从事网络维护岗位的技术人员，首要任务就是熟悉所要维护的网络。除此之外，还要对这个工作岗位的性质有所了解。本单元的重点就是实现对网络各项性能参数的了解和熟悉，并在此基础上准备进行网络维护工作。

学习目标

通过本次学习，了解维护人员需要掌握的各项网络参数和网络维护工作岗位的性质，并能通过技术方式实现网络各项性能参数的获取。

项目1
熟悉网络的各种环境

项目情景 ●●

　　小李刚刚入职，接到的第一个任务就是熟悉所要维护网络的各种环境，并且熟悉网络维护岗位的工作性质。这些工作都是从事网络维护的技术人员的首要工作，小李在熟悉网络环境的同时也将了解网络维护岗位的工作性质。

项目描述 ●●

　　本项目分为两个环节，第一个环节是熟悉网络运行环境，以及网络运行环境所包含的几种分类；第二个环节是了解网络的生命周期，并根据不同的时期明确相应的网络维护任务。

任务1　熟悉网络的运行环境

任务分析

　　熟悉所要维护网络的运行环境是网络维护人员的首要任务，这个任务是熟悉网络性能大项目中的第一项任务。网络运行环境包含的内容很多，有网络硬件环境，网络软件环境，网络维护规程等。下面分步骤对这些分项进行重点介绍。

任务实施

　　对于网络环境的熟悉，具体包括网络拓扑、网络设备、网络传输介质、网络提供的服务、在网络中运行的软件等几个方面。首先是熟悉网络拓扑，网络拓扑分为物理拓扑和逻辑拓扑。可能有的网络在构建时会保存物理和逻辑拓扑图供维护人员参考。如果没有拓扑图，则需要维护人员亲自去实地查看，当然即使有拓扑图，也应具体核对一次，以保证没有差错。有时留下来的拓扑图可能不是很规范，在维护工作中参考起来不是很方便，这时维护人员应该动手绘制网络拓扑图，毕竟自己亲自绘制的拓扑图自己使用起来会很方便。在绘制拓扑图时一定要对关键位置亲自实地查看。物理拓扑图和逻辑拓扑图都要有，物理拓扑图便于进行具体位置判断，如图1-1所示，而逻辑拓扑图便于进行故障分析，如图1-2所示。两种拓扑图都可以通过Visio软件来绘制。在实地查看拓扑的同时也可以熟悉具体的网络设备和传输介质。现在的网络形式多种多样，设备品牌和类型也是多种多样。对设备的熟悉要注意以下几个方面：首先设备的位置和作用是最关键的，其次是设备的生产厂商、出场日期、保修日期等。这些方面要进行详细的记录以备日后使用。除此之外，为了分析网络流量，还要检查设备的端口性能和配置文件等。端口性能包括端口使用情况和端口速度等。配置文件要熟悉设备的配置方法，如果是主流设备，如H3C、Cisco等，相关书籍都有配置方法。如果不是主流设备，则还要寻找配置命令文档进行保存。大家在维护过程中经常会忽略一点，就是对设备，尤其是交换机和路由器内置的操作系统版本号的记录，不同版本号的操作系统所包含的配置命令和配置方式有一定的差异。有时，实际的设备配置命令和方法与书籍上叙述的不一样，往往就是因为设备内置的操作系统和书籍上介绍的操作系统版本有差异。再有就是设备现在支持哪种登录方式和相关用户名及密码，这些也要进行详细记录。如果在接手维护这个网络的时候，网络已经运行了一段时间，那么设备可能出现过故障，因此，对这些信息也要留心。这些故障信息对以后的维护工作很有帮助。如果前任维护人员存有相关的详细的维护日志，我们可以仔细查询。如果没有，那就只好通过询问使用者或检查设备来了解设备的使用情况。最后，还要对设备的使用情况有一个大体的了解，这些情况都是生成网络运行情况分析文档的重要信息。

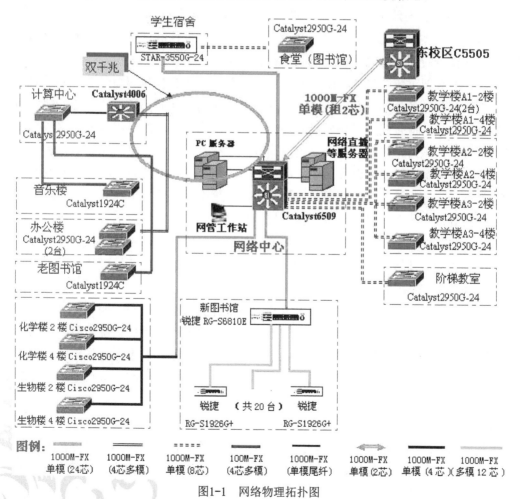

图1-1 网络物理拓扑图

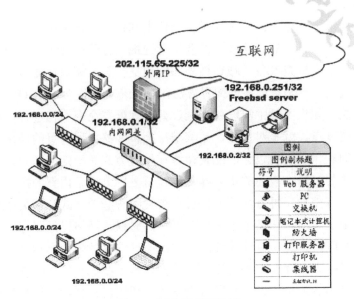

图1-2 网络逻辑拓扑图

检查设备之后要熟悉网络传输介质。首先，要了解现有的网络传输介质类型，如双绞线类型、光纤类型、无线类型等。然后是对关键线路进行测试检查，了解线路的老化情况。线路的检查还要注意线路接口情况的检查记录。对于双绞线来说，接口部分包括交换机端口号、配线架对应端口号、RJ－45模块对应配线架或交换机端口号等。光纤的端口主要是对接线盒和转换盒部位光纤跳线接口的检查。这两类介质都还要注意相关端口的标记是否完整、合理。检查线路时还要额外注意几点：①强电线路的走线情况。这似乎不是维护人员要维护的项目，但是如果强弱电之间形成干扰，那就和维护工作有关系了。所以，在检查线路时要留心强电线路和弱电线路的干扰是否存在，注意强电线路和双绞线的并行距离以及是否存在交叉情况。如果是光纤线路，则这个问题无须考虑。②线路的整体接地情况，要找到线路的整体接地位置，检查接地的完整性。要对接地的金属介质的类型和长度进行记录，接地一定要符合标准。如果存在外接或架空线路，则还要检查线路的防雷情况，如果存在潮湿环境或地下管道，则与线路相关的问题也要检查。类似问题本书在介质的维护一节还将进行详细讲述。

物理环境检查完毕之后是对网络服务和网络软件的检查和熟悉。网络提供哪种服务，服务的作用，服务器的版本等也要进行详细记录。网络软件的使用情况是熟悉网络性能的重要环节，维护人员要对网络使用的软件进行统计。需要统计的参数有使用软件的名称、软件作用、使用者、使用频繁度、软件的网络流量、频繁使用时间段等。把这些参数生成一个记录，以方便网络性能的了解。

以上任务结束之后要以表格的形式进行记录，记录的任务也是网络维护人员需要完成的，而且完成这些记录任务还是维护人员每天必须做的工作。类似的表格将在本书的附录部分展现给大家，现在只是举出其中一两个例子方便大家理解。表1-1是设备登记清单，主要作用是记录网络设备的相关信息。表1-2是设备配置文件清单，主要作用是登记网络设备的具体配置信息。表1-3是典型的线路检查清单，主要作用是记录线路的具体情况。表1-4是模块记录表，作用是记录线路和模块之间的对应关系，这些信息在网络故障排除时非常重要。表1-5是网络设备的维护日志登记表，作用是记录针对设备的相关维护过程。

表1-1 设备登记清单

日期： 年 月 日

设备名称	作用	位置	品牌	生产日期	保修日期	保修电话	主要参数	版本	备注

表1-2 设备配置文件清单

日期： 年 月 日

设备名称	作用	位置	操作系统版本	端口类型数量	主机配置	端口配置	端口配置	端口配置	备注
						端口序号	端口序号	端口序号	
华为s3928交换机	网络中心各服务器连接	网管中心	10.2	24个100MB端口	略	略	略	略	没有进行VLAN配置
华为AR2831路由器	Internet连接路由	网管中心	10.2	两个串口，一个快速以太网口	略	略	略	略	略
						S0	S1	E0	

表1-3 线路检查清单

日期： 年 月 日

交换机位置	网管中心		交换机编号	Wg—2		端口数	24		
端口号	使用情况	对应线号	水晶头完整性	异常参数	线路外观	端口整体外观	处理意见	测试时间	备注
1	使用	01	完整	无	良好	良好	无	略	略
操作说明						操作时间			
12	使用	12	背面线卡断裂	无	良好	良好	更换水晶头		
操作说明		更换水晶头，重新作线				操作时间			

表1-4 模块记录表

日期： 年 月 日

模块说明	模块标记	对应端口	模块外观	跳线测试	处理意见	检查日期

表1-5　维护日志登记表

日期：　　　年　　月　　日

值班时间：　时至　时		交班人：	接班人：	
维 护 类 别	维 护 项 目	维 护 状 况	备 注	维 护 人
设备运行环境	外部状况（供电系统、火警、烟尘、雷击等）	□正常　□不正常		
	温度（正常15~30℃）	□正常　□不正常		
	湿度（正常40%~65%）	□正常　□不正常		
	机房清洁度（好、差）	□好　　□差		
设备运行状态检查	主控板（MPU）指示灯状态	□正常　□不正常		
	网板（NET）指示灯状态	□正常　□不正常		
	时钟板（CLK）指示灯状态	□正常　□不正常		
	线路板（LSU）指示灯状态	□正常　□不正常		
	接口卡指示灯状态	□正常　□不正常		
	设备表面温度	□正常　□不正常		
	设备告警情况	□正常　□不正常		
设备运行软件检查	各接口状态检查	□正常　□不正常		
	配置命令检查	□正常　□不正常		
	路由表检查	□正常　□不正常		
	日志内容检查	□正常　□不正常		
故障情况及其处理				
遗留问题				
核查				

温 馨 提 示

　　在熟悉网络环境的过程中还要熟悉相关的网络维护规程，这个规程的主要作用是指导维护人员工作。熟悉网络维护规程是非常必要的，作为维护人员不但要熟悉规程还应该严格地按照规程执行相应的维护工作。初次从事网络维护工作时，可能认为技术是最重要的，但是在实际工作中，如果从事网络维护岗位，技术是必要的，维护规程的执行才是最重要的。

必备知识

　　刚刚从事网络维护工作岗位的人可能还不了解这个岗位的要求和目标，下面从几个方面简单介绍一下网络维护岗位的基础知识。

　　随着网络在各行各业的广泛应用，网络的规模越来越大，构建越来越复杂，施工难度越来越大，网络的用途也越来越广泛。这些因素导致网络行业涉及的知识领域越来越广，在系统集成的统称下衍生出了许多子科目，如网络管理、网络安全、网络维护、网络存储等。这些知识领域都是根据在系统集成中遇到的新问题而产生的，也是为了解决这些问题而服务的。这些科目同样包含许多领域的知识，需要不断地学习。网络维护行业就是这样产生的，下面简单介绍一些网络维护行业的基本理念。

1. 网络维护的对象

网络维护的对象非常广泛，几乎涉及网络运行的所有内容，如网络设备、连接介质、网络服务等，大体可以分为以下几大类。

- 网络设备：包括路由器、交换机、防火墙、网卡等各类网络设备。
- 传输介质：包括双绞线、光纤、各种跳线、配线等传输介质。
- 网络服务：包括网络服务器可以提供的各类服务、内网服务和对外服务等。
- 电气部件：各种设备的散热系统及设备之间的连接点等。
- 辅助设施：防雷设施、接地设施、防虫防鼠设施。
- 环境：设备间的环境维护，温度、湿度的控制。
- 干扰：检查设备和线路受到的干扰、确定干扰的来源并排除。
- 计算机软硬件：网络运行中，计算机所用到的各类软件的安装调试和软硬件故障排查。

2. 网络维护的内容

网络维护的工作是繁杂的，是日常性的。不能简单地认为网络维护工作是网络出现故障之后的一种补救性工作，也不能认为网络维护工作是非常轻松的，同时不能把网络维护工作看成是简单的故障解决工作，因为网络维护工作中也有很大一部分是需要进行数据记录的工作。为了给大家一个简单的认识，本书把日常的网络维护工作进行了归纳，具体如下。

- 线路维护：查看线路状态，测试线路数据，必要时对线路进行更换。
- 设备维护：查看设备状态，查看设备的配置文件和性能参数，如设备的CPU占用率等。
- 接口维护：对整个网络中容易出问题的接口部分，包括设备接口和线路接口等进行检查。检查是否有松动，测试接口线路的拉力等，以保障接口畅通。
- 电气维护：对设备的散热系统、干扰、防雷、接地、线路保护等情况进行检查。
- 网络服务维护：查看网络服务是否正常，删除垃圾文件等确保网络服务的正常运行和速度。
- 网络安全维护：网络安全维护的内容很多，本书特意拿出一章内容做介绍。简单地说就是：做好安全维护工作是减少亡羊补牢式的处理安全故障的方法，变被动防守为主动防守。
- 网络管理维护：网络正常运行也需要存在一个良好的网络管理环境，网络管理是网络维护的基础，有了良好的网络管理便可减轻网络维护的工作量。本书在后续的章节中将专门介绍有关网络管理的知识。
- 数据记录维护：数据记录是维护任务中重要的一项，但却是容易被忽略的一项。维护工作需要对网络运行的实时数据进行记录、对每天的维护工作进行记录、对设备的更换进行记录等。完备的维护记录是维护工作所必须的，有了完备的维护记录便可减少网络维护人员流动带来的损失。

3. 网络维护的目的

网络管理、网络故障排除、网络维护这3个概念非常容易混淆，因为这3个方面都是从系统集成中衍生出来的，但是还是要分清这3个概念。网络管理的主要目的是监督、组织和控制网络通信服务以及信息处理所必需的各种活动。网络故障排除的主要目的是在网络出现故障时尽快地解决网络故障，恢复网络的运行。网络维护的主要目的是在网络处于正常管理的前提下，通过对网络设备、服务、连接介质等方面的维护，减少或避免网络故障的出现或降低故障出现的几率。

由于这3个方面在从系统集成中衍生出来的时候就有很大的关联性，所以也无法彻底分清它们之间的界限。在此强调一下网络维护的目的：网络维护的主要目的就是避免在正常管理下运行的网络出现故障。所以评价一个网络维护的优良程度就是查看在网络运行阶段，网络故障出现的次数和相应的出现比例。例如，月故障数量、年故障数量以及介质故障数量、设备故障数量、服务故障数量等相关的比例，通过这些数据来衡量网络维护工作的成效。如果一个网络在运行期间缺乏必要的管理而导致故障频发，则是网络管理的问题；如果出现了故障不能及时地诊断和发现或不能尽快地排除，则是网络故障解决的问题；如果一个网络管理得非常到位，但是由于设备老化，线路干扰等其他问题导致故障频发，则是典型的网络维护的问题。当然由于许多原因，企业的网络维护人员可能身兼多职，既要负责网络的管理还要进行网络的维护和故障的解决。所以本书就以网络维护为主线，连带介绍网络故障排除和网络管理的知识。结合这3个方面进行综合讨论：如何保障一个网络正常、通畅地运行。

任务2　明确网络的生命周期

任务分析

网络专业是典型的工程类学科，任何一个网络都存在相应的生命周期。这个周期包括网络的设计阶段、施工建设阶段、网络运行阶段、网络升级阶段和网络彻底淘汰阶段等。每个阶段都存在广义的网络维护工作，只是不同的阶段网络维护工作的内容有所差异。所以，网络的生命周期环境也是维护人员要了解的，在了解了网络生命周期的阶段后还要明确在这个阶段中网络维护的主要工作内容。

任务实施

虽然网络的生命周期阶段比较多，但是相对网络维护工作而言，可以把网络维护分成三大阶段：设计时期的网络维护阶段、施工时期的网络维护阶段、使用时期的网络维护阶段。这3个阶段还可以根据具体情况进行细分，分成许多小的阶段，而且每个阶段的维护目的和主要任务各不相同。下面着重介绍这3个阶段。

1. 设计时期的网络维护阶段

在设计时期的网络维护过程是非常重要的，这个时期关系到未来网络能否顺利投入使用。在网络设计阶段，通常认为最主要的任务是网络的设计，要设计一个合适的网络，设计前期的数据采集是非常重要的。数据的采集关系到所设计的网络是否符合实际的应用环境。这个阶段的网络维护工作是与数据采集、网络设计等工作结合在一起的。这个阶段的网络维护工作的重点在于，针对数据采集分析和网络设计的关键部分的理解和掌握。这是为今后的网络维护工作打下一个良好的基础。如果忽略这个阶段的网络维护工作，则有可能导致对网络应用范围的混淆和对容易出现问题的网络软硬件环境的模糊。这些问题带来的危害有两个，一是会增加网络维护人员熟悉网络的时间；二是在网络出现问题时，网络维护人员不能快速准确地判断网络故障的原因。不能寄希望于一个完美的网络设计方案或一个决无瑕疵的数据采集过程，这是不可能实现的。网络设计是一个将用户的需求尽可能地和技术相互结合的过程，在这个过程中面面俱到是不可能的。在设计网络的过程中，也是尽最大可能将用户的需求和用户的投资以及具体的技术可行性进行结合。在涉及网络构建的一些关键问题上，由于某方面的局限性而不可能满足用户的所有要求，那么就一定会对用户的要求进行取舍，这就导致了在设计网络中难免会存在一些无法解决的问题或存在网络故障隐患。再有，即使进行了周到的考虑和完备的数据采集也不一定就可以完全了解今后网络在使用过程中的数据流量，因为设计阶段无法估测非正常流量发生时的数据通信量，如大面积的病毒爆发、广播风暴的频繁出现等多种不可预测的突发流量。另外一点，具体网络在应用方面存在很大的区别，所以用户对网络设计的方向和要求也各不相同，如果用户提出需要，则可以针对未来可能出现的问题设计出防范的方法并在网络施工中加大这方面的风险投资。但是如果用户要求的重点不在此或其投资有限，那么有些问题就只能做亡羊补牢的处理准备，防患于未然的准备就难以实现了。

根据上述问题因而强调这个时期网络维护的重要性。本书建议网络维护人员要参与网络流量数据的采集和网络的设计过程，这些工作是为今后参与维护工作做的准备。网络维护人员要清楚网络流量数据的采集过程、时间、分析方法等，还要了解可能会出现不可预知流量的网段。除此之外，网络维护人员要了解可能会发生或容易出现故障的节点、线路、设备或各种应用服务的具体位置和应用服务的项目。只有了解和掌握了这些问题，在今后的网络维护工作中才可以针对容易发生网络故障的环节进行日常维护，避免网络故障的发生或在出现网络故障时能尽快地发现故障点和故障原因。如果做到这样，那么网络维护的工作一定会事半功倍，得心应手。

网络设计阶段的网络维护工作的重点是了解相关信息和进行记录。网络维护人员要针对上述情况做详细的记录。要标记出流量的数值范围、指明故障多发网段、列出可能会引发故障的几种情况。另外，这个阶段也是资料收集的阶段，是初步建立维护档案的阶段，网络维护人员要根据网络维护的制度和规范建立网络维护档案，收集各种资料并分类管理及保存。不要小看这些细微的工作，这些细节工作一定会为其他时期的网络维护提供有力的原始资料保证。

2．施工时期的网络维护阶段

网络施工时期网络维护的主要目的是检查施工过程中的各项施工标准的执行情况，以及在施工过程中对潜在的故障点进行测试和维护，争取不要把故障的隐患遗留在网络施工时期。

网络施工存在许多标准，这些标准是网络施工规范性的保证、是网络最终得以顺利运行的前提。只有按照标准进行施工才可以把网络出现故障的可能性降到最低，也可以减少在网络运行阶段的网络维护的工作量。所以要在施工过程中进行施工规范性的检查，强调正规化网络建设。再有一点就是，在施工过程中对潜在的故障点进行测试和维护，降低故障发生的几率。要做到对潜在故障点的维护首先要进行潜在故障点的发现和排查。由于施工过程中网络的使用环境还没有形成，所以有些设备或线路会缺乏一定的保护，导致出现不该有的损耗。例如，在调试网络设备时往往机房环境还没有彻底完工，所以要特别注意网络设备的防尘、防静电等情况。另外，某些传输线路在测试阶段缺乏必要的保护，要防止这些线路的过度老化问题。再有，在网络测试阶段会对设备和线路进行高强度和峰值测试，许多设备和线路将接近或超过自身的性能极限，这个时期一定要规范操作并留心观察设备和线路的状态，避免出现由于网络测试导致设备或线路的使用寿命达不到预期标准的情况发生。

以上是对施工阶段网络维护过程的介绍。不难看出，从网络设计阶段到施工阶段还是存在许多维护问题的。这些问题如果不能尽早解决，则势必成为后期网络维护的重点，也是网络故障的频发点。解决和预防这些故障点产生的最好办法就是按照标准和规范进行施工，不能偷工减料或做表面文章。

3．使用时期的网络维护阶段

网络使用时期的维护任务就是通常意义上所理解的网络维护，其实这个阶段只是网络维护中的一个阶段，不能代表整个网络维护过程。但是这3个阶段相比，网络运行使用期间的网络维护任务是最重要的也是最繁重的。本章前面讲过，不能把网络管理和网络维护等同起来，而且也不能把网络维护和网络故障解决等同起来。进行全面网络维护的主要目的就是为了降低网络在使用期间出现网络故障的几率，当然彻底杜绝网络故障的发生是不可能的，但是可以通过细致全面的网络维护工作来减少网络故障的发生，提高网络的利用率和有效率，这才是进行网络维护的最终目的。

通过以上分析可以认定，网络维护的工作是繁重的、细致的、全面的，而最终目的是减少网络故障出现的次数。当然，网络故障的诊断和排除也是网络维护人员的日常工作，这项工作要求网络维护人员有一定的排查解决网络故障的能力。这种能力和网络维护能力是分不开的，所以网络维护人员维护工作的重点应该有两个，一个是尽力避免网络在运行时期出现问题，但是由于线路老化或设备老化及干扰等众多因素，网络在使用过程中故障出现的次数会越来越多。所以本阶段维护工作的第二个工作重点是在网络出现故障时尽快解决网络故障，恢复网络的正常运行。

了解了网络维护的3个阶段，这3个阶段构成了网络从设计构建到施工调试到网络运行使用的全过程，是一个完备的网络维护过程。这3个阶段由于维护性质的差异导致维护的重点和维护的方式方法有所区别，但是整体网络维护的思想是统一的，那就是通过各个阶段的网络维护来避免或减少网络故障的发生。

经验之谈

　　网络维护是一个长期的过程，这个过程由几个阶段构成，包含着许多日常的、细致的工作。不能简单地把网络维护理解为网络故障的排除，也不能把网络维护理解为简单的动手工作，还不能把网络维护等同于网络的管理。网络管理是网络维护的先导性工作，没有一个好的网络管理，那么网络维护的工作量会大大增加。但是这并不代表有了一个完善的网络管理网络就不需要进行维护。网络管理的重点是通过网络参数的设置来尽量减少网络故障的产生，而网络维护的重点是在一个存在完善的管理策略的网络中发现可能会出现的网络故障和解决已经出现的网络故障及通过维护尽量减少网络故障发生的概率。

必备知识

　　下面简单举出一些常见的在施工过程中需要特别注意规范和标准化的环节来帮助读者理解。例如，根据环境情况要对网络可靠性提出保证，必要的时候要加强网络防护措施。为防止意外破坏，室外电缆一般应穿入埋在地下的管道内，如需架空，则应架高在4m以上，而且一定要固定在墙上或电线杆上，切勿搭架在电线杆上、电线上、墙头上甚至门框或窗框上。室内电缆一般应铺设在墙壁顶端的电缆槽内。通信设备和各种电缆线路都应加以固定，防止随意移动而影响了系统的可靠性。为了保护室内环境，室内要安装电缆槽，电缆放在电缆槽内。全部电缆进房间、穿楼层均需打电缆洞，全部走线都要横平竖直。保证通信介质性能，根据介质材料特点，提出不同的施工要求。计算机网络系统的通信介质有许多种，不同通信介质的施工要求不同。

施工标准

介质的施工要求和网络设备的安装步骤：

1. 光纤电缆

1）光纤电缆铺设不应绞结。

2）光纤电缆弯角时，其弯曲半径应大于30cm。

3）光纤裸露在室外的部分应加保护钢管，钢管应牢固地固定在墙壁上。

4）光纤穿过地下管道时，应加PVC管。

5）光缆室内走线应安装在线槽内。

6）光纤铺设应有胀缩余量，并且余量要适当，不可拉得太紧或太松。

2. 双绞线

1）双绞线在走廊和室内走线应在电缆槽内，且平直走线。

2）双绞线在机房内走线要捆成线扎，走线要有一定的规则，不可乱放。

3）双绞线两端要标明编号，以便了解结点与交换机接口的对应关系。

4）结点不用时，不必拔下双绞线，其不影响其他结点工作。

5）双绞线一般不得安装在室外，少部分安装在室外时，安装在室外的部分应加装套管。

6）选用8芯双绞线，自己安装接头时，8根线都应安装好，不要只安装4根线。

3. 网络设备的安装步骤

1）阅读设备手册和设备安装说明书。

2）设备开箱时要按照装箱单进行清点，对设备外观进行检查，认真详细地做好记录。

3）安装工作应从服务器开始，按说明书要求逐一接好电缆。

4）逐台设备分别进行加电，做好自检。

5）逐台设备分别联到服务器上，进行联机检查，出现问题应逐一解决。有故障的设备留在最后解决。

6）安装系统软件，进行主系统的联调工作。

7）安装各工作站软件，各工作站可正常上网工作。

8）逐个解决遗留的所有问题。

9）用户按操作规程可任意上机检查，熟悉网络系统的各种功能。

10）试运行开始。

通过这些标准可以帮助读者了解施工过程中的网络维护行为的主要目的，标准的执行是非常必要的。下面继续熟悉在施工过程中可能存在的隐含故障点以及如何进行故障点的维护。这里先简单介绍一下隐含故障点的含义，所谓隐含的故障点指的是在施工阶段没有呈现出的故障多发点。没有呈现的原因有多个，包括设备的功率达不到要求、线路长度达不到施工要求、施工具体环节与设计不符、对施工时期造成的各种干扰准备不足等。这种隐含故障点的特点是在网络设计时无法进行预测，在施工过程中由于多种原因导致施工没有达到或符合设计要求。但是在网络测试时不会立即出现故障，而且在网络运行的初期也不会产生故障，但是网络运行一段时间后就会经常性地出现故障。这类隐含故障将大大增加网络维护的任务量。下面简单介绍几种常见的隐含故障。

在施工期间过早调试设备会导致设备风扇粉尘过多，从而降低设备的散热能力，导致设备容易出现死机或运行缓慢等故障。解决办法是严格按照施工标准调试设备，定期清除设备风扇上的粉尘。

由于施工工艺的问题导致线路长度达不到要求，主要是没有留出足够的富余量。如双绞线若没有足够的富余量会导致线路拉力过大，从而容易导致水晶头的松动和脱落，导致网络的连接时断时续。解决办法是留足线路的富余量，把故障解决在初始阶段。

机柜的散热风扇如图1-3所示，如果功率不够，则会导致网络设备过热，频繁出现死机重启等现象。解决办法是购买机柜时要考虑机柜内放置的设备和机柜风扇的功率，如果达不到要求，则要考虑更换更大功率的机柜风扇。

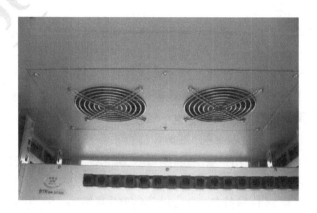

图1-3　机柜的散热风扇

网络服务刚刚开始启用时，难免会存在各种问题。许多管理员为了初始设置的方便往往忽略了服务安全问题，从而可能遭受外来入侵，为以后的网络应用埋下隐患。解决办法是先在局域网内对网络应用进行调试，达到要求后再把这类服务对外网开放。

以上只是一些常见的隐含故障点，到了具体网络施工时期，根据施工环境的不同还会有不同的隐含故障，而且不同的设备、不同的线路等都会产生各种各样的隐含故障，在后续章节中会陆续给读者介绍。

上面讲述的是网络施工阶段的网络维护工作的重点，下面讲述网络运行阶段网络维护工作的重点。

1）各类垃圾文件的清理。

在网络的使用过程中会产生大量的垃圾文件，这些垃圾文件会占用系统空间，而且还会降低机器的性能，所以应定期清除。垃圾文件的种类较多，如上网垃圾、安装文件垃圾、系统文件垃圾等。维护人员要了解这些垃圾文件的存储位置，并定期进行检查和清除，也可以进行相关的设置，让系统自动清除。

2）各类软件的定期升级。

许多软件都存在漏洞，包括操作系统和应用软件。这些漏洞正是网络攻击的对象，也是病毒侵入的主要途径，所以维护人员要注意软件的升级信息。有些软件可以自动升级，如微软的操作系统和应用软件，有些软件则没有这个功能。所以，维护人员要留心软件升级的信息并及时升级相关软件，不给攻击者和病毒以可乘之机。

3）维护资料的建立。

维护工作是繁重的也是细致的，网络的运行期是10～15年，很难保证网络维护人员在这么漫长的时间里不出现变动。一旦发生人事变动，那么新任的网络维护人员就面临重新认识、熟悉网络的问题。这不但耗费人力物力也不利于网络的维护，所以要求网络维护人员进行网络维护日志的记录。网络日志的记录应该是网络维护人员每天必须做的工作，也是要求非常细致的工作。日志记录中应记录每天网络维护的任务和网络参数，以及网络故障的产生和排除，并定期总结维护的经验，指出网络存在的问题和故障多发点。除此之外，还应记录网络故障排除的方法，为以后从事网络维护的人员积累经验。

4）实时网络参数的掌握。

为了避免网络故障的产生，应该尽量把网络出现的问题解决在初始阶段。可是，如何判断网络即将或已经出现了故障呢？这就要用到网络管理的知识了。维护人员可以使用网络管理软件对整个网络进行实时管理。通过管理软件，实时检测网络的各项参数，如吞吐量、广播数量等，只有这样才可以及时发现网络故障的发生，并及时做出对策，避免网络出现故障或将网络故障解决在初发阶段。

5）定期对网络设备和关键线路进行维护和检查。

有些网络故障可以预先得知，也可以通过设置进行排除。这些故障比较简单，在排除的时候也不会涉及网络的运行。可是有些故障是不可预知的，而且一旦发生，将涉及网络的正常运行。例如，网络设备损坏、端口损坏或线路损坏，这些故障将涉及网络的正常运行，很有可能出现大面积断网的故障。所以这些故障要尽力避免。为了避免这些故障，维护人员应定期对核心设备和关键线路进行测试和检查。对核心设备的检查包括对设备清尘，检查设备的状态，了解设备CPU的占用率，检查设备温度等。每天进行记录，长期积累后就可以判断设备的运行状态是否正常了。对线路的检查包括使用线路测试仪器，测试线路的各种参数，如串扰和回绕等信号。长期记录这些信号可以预测线路老化的时间和程度，以备在必要时对线路和设备进行更换。

6）核心设备和关键线路的备份。

上面谈了尽量不要出现大面积断网的故障，这些故障对网络的损失是巨大的，所以要定期对设备和线路进行维护。日常的维护可以应对正常的老化，但是对突发事件导致的故障就不奏效了。例如，设备的人为损坏和线路断裂等突发事件。针对这些故障可以做到的就是尽快让网络恢复运行，以减少损失。但是，核心设备或线路的损坏不可能在短时间内进行设备和线路的修复，所以这就要求要对核心设备和线路进行必要的备份，以预防突发故障的产生。当然，也许由于各种原因，不能完全按照核心设备型号进行备份，但是起码要做到降级备份，即将设备降低一个级别，但是必要的设备备份还是必须做的。线路备份就相对比较简单了，原理是一样的。

实战强化——网络拓扑图的绘制

实训目标：熟练使用Visio软件绘制网络拓扑图。

实训环境：Visio 2003软件，Windows 2000 / XP / 2003系统。

实训过程：

进行网络规划设计和描述网络设备的连接方式，这是从事网络系统相关业务的公司的常见工作之一。网络设计图中包括终端、交换机、路由器、服务器等各种设备，这些设备结构复杂，绘制起来费时费力，如果稍微改变某个设备的位置，则所有连线都要做相应的调整。在Microsoft Office Visio 2003中这些问题得到了很好的解决。Visio 2003是Microsoft Office家族成员，是一套易学易用的图形处理软件，使用者经过很短时间的学习就能上手。Visio能够快捷、灵活地制作各种建筑平面图、管理结构图、网络布线图、机械设计图、工程流程图、审计图及电路图等。Visio 2003的模板提供了大量计算机周边设备的图件，其中包括了为主要网络设备厂商产品量身定做的网络接入设备，再加上智能化的布线技术让网络设计变成了一件轻松愉快的事情。

图1-4所示是某学校的网络拓扑图。

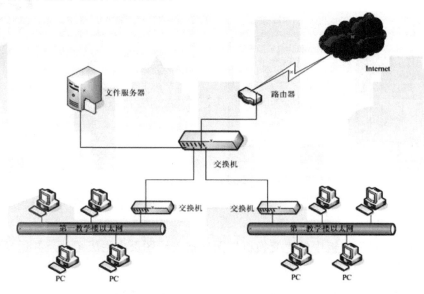

图1-4　某学校的网络拓扑

步骤1：创建新绘图。

启动Visio 2003，执行菜单命令"文件→新建→网络→详细网络图"，创建一个新绘图，同时打开了Visio 2003自带的"网络和外设"模板，如图1-5所示。

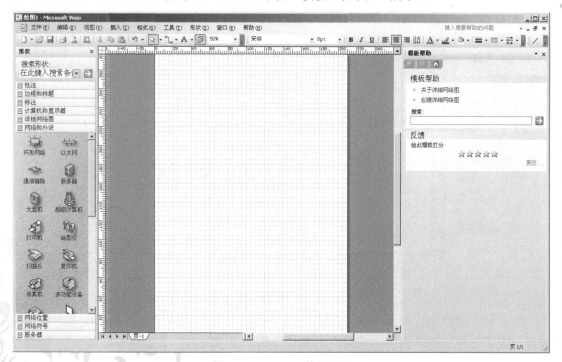

图1-5　Visio 2003使用界面

步骤2：绘图页面设置。

该模板默认打开的是纵向页面，用户可以根据实际设计需要对其进行调整，这里调整为横向页面，如图1-6和图1-7所示。

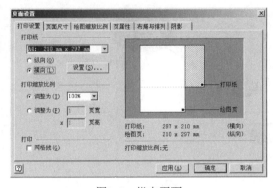

图1-6　纵向页面　　　　　　　　　　　　　　图1-7　横向页面

步骤3：绘制图形。

将"网络和外设"模板中的"交换机"图件拖入绘图页中生成图件，并适当调整其大小和位置，如图1-8所示。

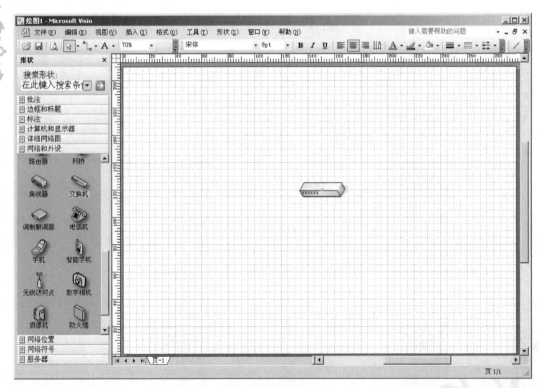

图1-8　绘制交换机

由于一个交换机上要连接多个网络设备，所以需要在交换机上按照连接要求添加连接点。为了方便操作，使用"常用"工具栏中的"显示比例"下拉列表框 100% 将绘图放大显示。

然后，单击"常用"工具栏中的"连接点工具"按钮⊠，在交换机图形上合适的地方添加连接点，如图1-9所示。

添加连接点的方法：先选中要增加连接点的图形，再单击"连接点工具"按钮，光标形状变为✎，将光标移动到添加连接点的位置，按住<Ctrl>键的同时单击鼠标左键，则在该位置就增加了一个连接点，如图1-10所示。

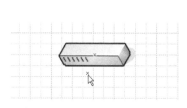
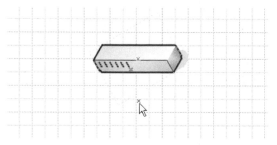

| 图1-9　添加连接点 | 图1-10　成功添加一个连接点 |

删除连接点的操作也很简单：单击要删除的连接点，此时连接点变为红色，按<Delete>键即可删除。再将"服务器"模具中的"文件服务器"图件拖入到绘图中，适当调整位置和大小，然后再单击"常用"工具栏中的"连接线工具"按钮⬒，在该图形和刚才建立的连接点之间添加连接线，建立连接，如图1-11所示。

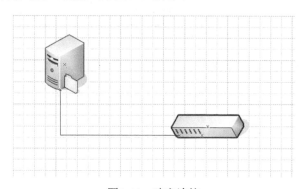

图1-11　建立连接

重复上述步骤，创建其他与交换机直接相连的设备图形并连线，如图1-12所示。

将"网络和外设"模具中的"以太网"图件拖入绘图中，放置在交换机下方，适当调整位置和大小。再从"计算机和显示器"模具中拖入各种终端设备图件，并连接在以太网中，如图1-13所示。

现在整个局域网的结构基本绘制完毕，接下来绘制局域网通过路由器与广域网的连接。这时需要用到一些虚拟的网络标记符号，这些符号可以在"网络位置"模具中找到。在该模具中找到"云"图件，将其拖入绘图中，调整好大小和位置，如图1-14所示。

拖入"网络和外设"模具中的"通信链路"图件，适当调整位置和大小，将网云图件和路由器连接起来，如图1-15所示。

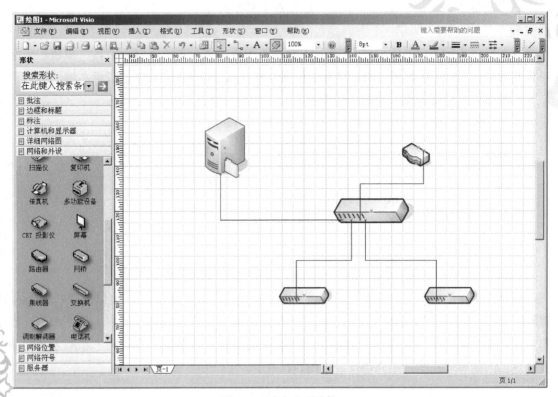

图1-12　建立多项连接

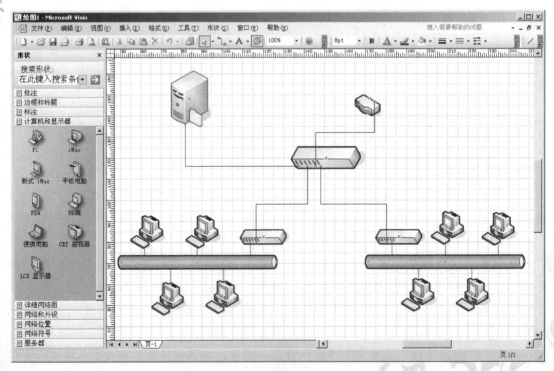

图1-13　绘制其他项目

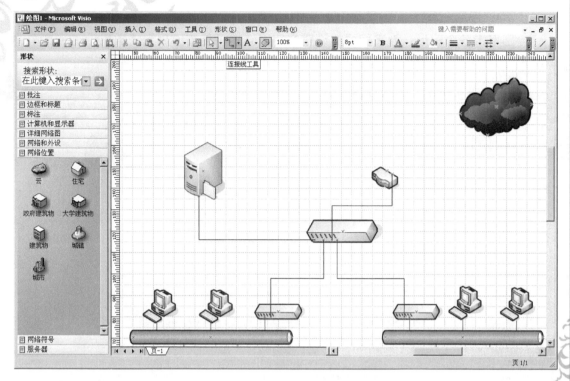

图1-14 绘制网云

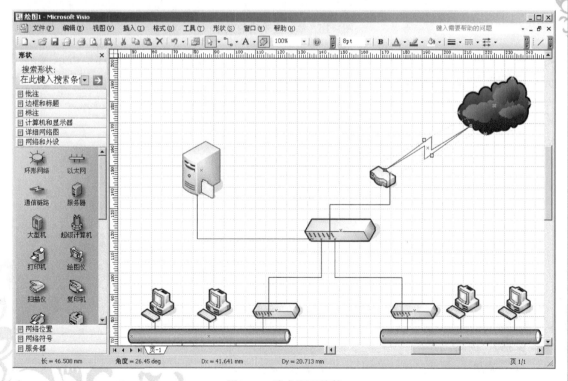

图1-15 建立网云连接

步骤4：添加文本。

分别双击各个图形，为它们添加说明文字，有的可能需要用到"常用"工具栏中的"文本工具"按钮 A，然后进行适当的格式化操作，完成后的效果如图1-16所示。

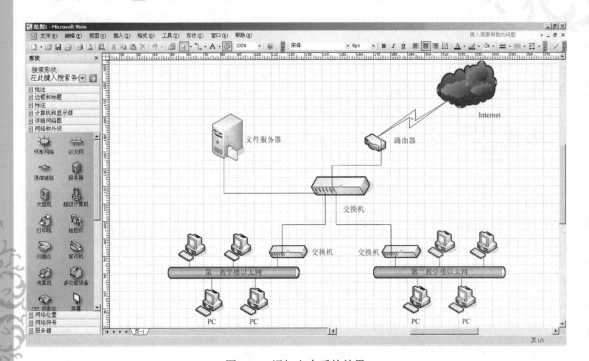

图1-16　添加文本后的效果

利用"常用"工具栏中的"文本工具"按钮 A 添加文字的方法：用鼠标单击该按钮，光标形状变为 +⊟，在绘图页中单击鼠标左键就会自动生成一个文本框，直接在其中输入文字即可，如图1-17所示。

图1-17　文本添加

步骤5：美化工作。

执行菜单命令"文件→形状→其他Visio方案"，打开"背景"和"边框和标题"模具，为绘图添加背景图案和标题，如图1-18所示。

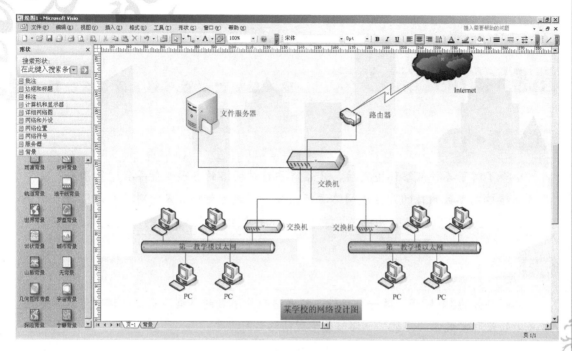

图1-18　美化拓扑图

步骤6：保存绘图。

绘图完毕后执行保存操作，将工作成果保存下来。该实例的最终效果如图1-19所示。

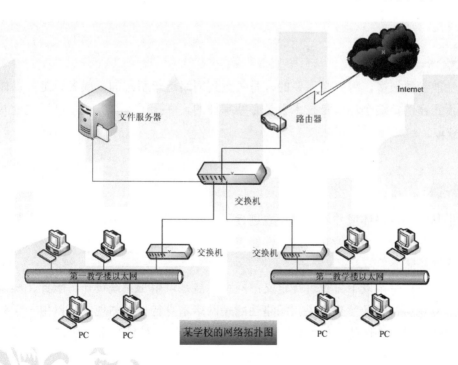

图1-19　最终效果

项目2
熟悉网络的性能参数 ■■■■ ■■■ ■■■ ■■■ ■■■ ■■■

项目情景 ●●●

　　小李了解了各种网络环境之后，开始准备针对网络的各项性能参数进行检测。获取各项网络性能参数的目的是生成网络运行报告，网络运行报告是针对现有网络的一个全面的认识。要想获取网络参数就要掌握所需测试的参数类型和测试的方式方法。

项目描述 ●●●

　　本项目分为3个环节，第一个环节了解网络性能参数的类型，第二个环节了解网络性能参数的获取方式方法，第三个环节是生成网络运行报告。

任务1　网络性能参数的定义

任务分析

　　网络性能参数很多，哪些是重要的、是关系到网络运行状态的，或者说是可以体现网络运行是否正常的，这个环节是技术人员必须掌握的，掌握了这些参数才可以进行网络性能参数的获取。

任务实施

　　熟悉了具体的网络环境并对关键参数进行了记录、整理。接下来维护人员要熟悉网络的性能。那么什么是网络性能呢？网络性能包括哪些方面呢？就这些问题应该从网络性能的定义开始展开讨论。

　　网络性能可以采用以下方式进行定义：网络性能是可用于系统设计、配置、操作和维护的，通过测量所得到的参数结果。网络性能是网络本身特性的体现，可以由一系列的性能参数来描述。对网络性能进行度量和描述的工具就是网络性能参数。IETF（国际互联网工程任务组）和ITU-T（国际电信联盟远程通信标准化组织）各自定义了一套性能参数，并且还在不断地补充和修订之中。

网络性能参数的定义：

ITU-T对IP网络性能参数的定义包括：

（1）IP包传输延迟（Packet Transfer Delay，IPTD）

（2）IP包时延变化（IP Packet Delay Variation，IPDV）

（3）IP包误差率（IP Packet Error Rate，IPER）

（4）IP包丢失率（IP Packet Lass Rate，IPLR）

（5）虚假IP包率（Spurious IP Packet Rate）

（6）流量参数（Flow related parameters）

（7）业务可用性（IP Service Availability）

随着Internet技术和网络业务的飞速发展，用户对网络资源的需求空前增长，网络也变得越来越复杂。不断增加的网络用户和应用，导致网络负担沉重，网络设备超负荷运转，从而引起网络性能的下降。这就需要对网络的性能指标进行提取与分析，对网络性能进行改善和提高，因此网络性能测量便应运而生。发现网络瓶颈；优化网络配置，并进一步发现网络中可能存在的潜在危险；更加有效地进行网络性能管理；提供网络服务质量的验证和控制；对服务提供商的服务质量指标进行量化、比较和验证，这些都是网络性能测量的主要目的。

网络性能测量涉及许多内容，如采用主动方式还是被动方式进行测量；发送测量包的类型；发送与截取测量包的采样方式；所采用的测量体系结构是集中式还是分布式等。最常见的IP网络性能测量方法有主动测量和被动测量两类。这两种方法的作用和特点不同，可以相互作为补充。主动测量是在选定的测量点上利用测量工具有目的地主动产生测量流量，注入网络，并根据测量数据流的传送情况来分析网络的性能。主动测量的优点是对测量过程的可控性比较高，灵活、机动，易于进行端到端的性能测量；缺点是注入的测量流量会改变网络本身的运行情况，使得测量的结果与实际情况存在一定的偏差，而且测量流量还会增加网络负担。主动测量在性能参数的测量中应用十分广泛，目前大多数测量系统都涉及主动测量。要对一个网络进行主动测量，需要一个测量系统，这种主动测量系统一般包括测量节点（探针）、中心服务器、中心数据库和分析服务器4部分。由中心服务器对测量节点进行控制，由测量节点执行测量任务，测量数据由中心数据库保存，数据分析则由分析服务器完成。被动测量是指在链路或设备（如路由器、交换机等）上利用测量设备对网络进行监测，而不需要产生多余流量的测量方法。被动测量的优点在于，理论上不产生多余流量，不会增加网络负担；其缺点在于，被动测量基本上是基于对单个设备的监测，很难对网络端到端的性能进行分析，且实时采集的数据量可能过大，另外还存在用户数据泄漏等安全性和隐私问题。

被动测量非常适合用来进行流量测量。主动测量与被动测量各有其优、缺点，对于不同的性能参数来说，主动测量和被动测量也都有其各自的用途。因此，将主动测量与被动测量相结合会给网络性能测量带来新的发展。

必备知识

针对网络运行状态的分析，需要进行测量的性能指标有以下几种。

1. 连接性

连接性也称为可用性、连通性或可达性，严格说应该是网络的基本能力或属性，不能称为性能。

2. 延迟

延迟是指IP包穿越一个或多个网段所经历的时间。延迟由固定延迟和可变延迟两部分组成。固定延迟基本不变，由传播延迟和传输延迟构成；可变延迟由中间路由器处理延迟和排队等待。

3. 丢包率

丢包率的定义是丢失的IP包与所有的IP包的比值。许多因素会导致数据包在网络上传输时被丢弃，如数据包的大小以及数据发送时链路的拥塞状况等。为了评估网络的丢包率，一般采用直接发送测量包来进行测量。对丢包率进行准确的评估与预测需要一定的数学模型。因此，目前需要能够精确描述丢包率的数学模型。

4. 带宽

带宽一般分为瓶颈带宽和可用带宽。瓶颈带宽是指当一条路径（通路）中没有其他背景流量时，网络能够提供的最大吞吐量。对瓶颈带宽的测量一般采用数据包对（Packet Pair）技术，但是由于交叉流量的存在会出现"时间压缩"或"时间延伸"现象，从而会引起瓶颈带宽的高估或低估。可用带宽是指在网络路径（通路）存在背景流量的情况下，能够提供给某个业务的最大吞吐量。因为背景流量的出现与否及其占用的带宽都是随机的，所以对可用带宽的测量比较困难。一般采用的方法是根据单向延迟变化情况使用可用带宽进行逼近测试，其基本思想是：当以大于可用带宽的速率发送测量包时，单向延迟会呈现增大趋势，而以小于可用带宽的速率发送测量包时，单向延迟不会变化。所以，发送端可以根据上一次发送测量包时单向延迟的变化情况动态调整此次发送测量包的速率，直到单向延迟不再发生增大趋势为止，然后用最近两次发送测量包速率的平均值来估计可用带宽。瓶颈带宽反映了路径的静态特征，而可用带宽真正反映了在某一段时间内链路的实际通信能力，所以可用带宽的测量具有更重要的意义。

5. 流量参数

ITU-T提出两种流量参数作为参考：一种是以一段时间间隔内，在测量点上观测到的所有传输成功的IP包数量除以时间间隔，即包吞吐量单位是pps；另一种是基于字节吞吐量，用传输成功的IP包中的总字节数除以时间间隔，单位是bit/s。

了解了性能测试的方法和需要测试的参数之后，维护人员还要明确需要进行测试的环节。不是任何节点都需要进行性能分析，主要环节包括接入部分、主干网的交换部分、子网段的综合测试、服务器环节、网络软件使用的节点和服务器环节等。这些环节是网络的主要部分，也是产生性能瓶颈的主要环节，同时也是体现网络整体综合性能的环节。维护人员要对各个环节的性能参数进行记录，并根据这些参数制定网络性能的基准和各项参数的基线。在今后的维护工作中，这些标准就是检查网络是否运转正常的指标。而且通过这些参数的获取还可以了解整体网络的缺陷，了解整体网络的哪个环节比较脆弱，这些脆弱的环节将被设置为维护的重点。

这些参数如何才能获取呢？具体的测试可以通过软件和硬件来实现，硬件像福禄克公司的网络性能分析设备就可以实现网络性能参数的简单获取，但是对于中小企业来说，福禄克的设备的价格偏高可能无法配备，那么就通过软件进行测试。可以用来测试网络性能的软件非常多，其中共享软件、免费软件、收费软件都有。有的软件是针对其中某一项性能进行测试，有的是模糊测试，即通过测试并不给出具体参数，只是给出一个评价。对于精确和完整的测试来说这些软件不太适合。本书向大家推荐两款软件：一款是实训中讲到的Sniffer pro软件。Sniffer软件功能强大、全面且简单易用，非常适合中小企业的维护人员使用。还有一款是Chariot软件，它是目前世界上唯一认可的应用层IP网络及网络设备的测试软件，可提供端到端、多操作系统、多协议、多应用模拟测试，其应用范围包括有线、无线、局域网、广域网络及网络设备；可以进行网络故障定位、用户投诉分析、系统评估、网络优化等。从用户角度测试网络或网络参数，这两款软件可以结合使用。

任务2　网络参数获取命令

任务分析

如何获取网络性能参数在上一节简单进行了介绍，但是这些软硬件工具要么是不方便携带，要么是不适合随时安装。所以作为技术人员要掌握常见的网络参数获取命令，这样就能在任何地点和环境下进行简单网络参数的获取，以便进行网络维护和排除网络故障时使用。

任务实施

常见的网络性能参数获取命令有以下几个。

1）Netstat：Netstat用于显示与IP、TCP、UDP和ICMP相关的统计数据，一般用于检验本机各端口的网络连接情况。如果计算机有时接收到的数据报出现错误、数据删除或故障，则不必感到奇怪，TCP/IP允许出现这些类型的错误，且能够自动重发数据报。但如果出错数据报的数目占到所接收的IP数据报总量的百分比过高，或数目正在迅速增加，那么就应该使用Netstat查一查为什么会出现这些情况了。Netstat的一些常用选项介绍如下。

①netstat –s：如图1-20所示，能够按照各个协议分别显示其统计数据。如果应用程序（如Web浏览器）运行速度比较慢，或不能显示Web页之类的数据，那么就可以用本选项来查看所显示的信息。维护人员需要仔细查看统计数据的每一行，找到出错的关键字，进而确定问题所在。

②netstat –e：如图1-21所示，本选项用于显示以太网的统计数据。它列出的项目包括传送的数据报的总字节数、错误数、删除数、数据报的数量和广播的数量。这些统计数据既有发送的数据报数量，也有接收的数据报数量。这个选项可以用来统计一些基本的网络流量。

③netstat –r：如图1-22所示，本选项可以显示关于路由表的信息。除了显示有效路由外，还显示当前有效的连接。

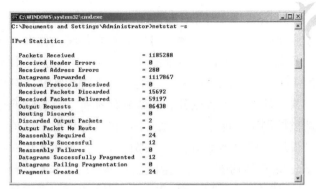

图1-20　netstat –s具体显示

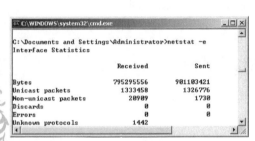

图1-21　netstat –e具体显示

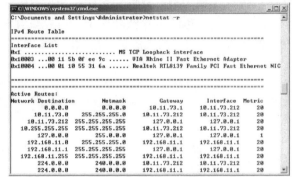

图1-22　netstat –r具体显示

④netstat –a：如图1-23所示，本选项显示所有的有效连接信息列表，包括已建立的连接（ESTABLISHED）和发出监听请求（LISTENING）的连接。

⑤netstat –n：如图1-24所示，本选项显示所有已建立的有效连接。

图1-23　netstat –a具体显示

图1-24　netstat –n具体显示

2）Ipconfig：Ipconfig实用程序可用于显示当前的TCP/IP配置的设置值。这些信息一般用来检验人工配置的TCP/IP设置是否正确。但是，如果计算机和所在的局域网使用了动态主机配置协议（DHCP），则这个程序所显示的信息可能更加实用。这时，Ipconfig可以了解计算机是否成功地租用到一个IP地址，如果租用到则可以了解它目前分配到的是什么地址。了解计算机当前的IP地址、子网掩码和默认网关，实际上是进行测试和故障分析的必要项目。Ipconfig常用命令选项介绍如下。

① ipconfig：当使用不带任何参数选项的ipconfig时，它将显示每个已经配置了接口的IP地址、子网掩码和默认网关值。

② ipconfig/all：如图1-25所示，当使用all选项时，ipconfig能为DNS和WINS服务器显示它已配置且所要使用的附加信息（如IP地址等），并且显示内置于本地网卡中的物理地址（MAC）。如果IP地址是从DHCP服务器租用的，则ipconfig将显示DHCP服务器的IP地址和租用地址预计失效的日期。

③ ipconfig/release和ipconfig/renew：这是两个附加选项，只能在向DHCP服务器租用其IP地址的计算机上起作用。如果输入ipconfig/release，那么所有接口的租用IP地址便重新交付给DHCP服务器（归还IP地址）。如果输入ipconfig/renew，那么本地计算机便设法与DHCP服务器取得联系，并租用一个IP地址。注意，大多数情况下，网卡将被重新赋予和以前相同的IP地址。

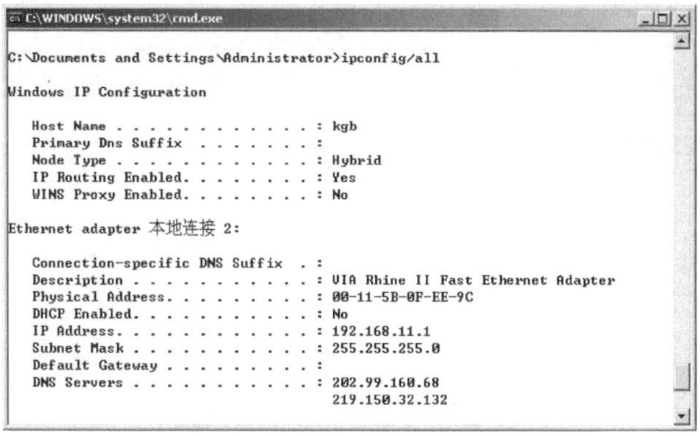

图1-25　ipconfig /all具体显示

3）Tracert：当数据报从计算机经过多个网关传送到目的地时，Tracert命令可以用来跟踪数据报使用的路由（路径）。该实用程序跟踪的路径是源计算机到目的地的一条路径，不能保证或认为数据报总遵循这个路径。Tracert是一个运行比较慢的命令（如果指定的目标地址比较远），识别每个路由器大约需要15s。

Tracert的使用很简单，如图1-26所示，只需要在Tracert后面跟一个IP地址或URL地址，Tracert便会进行相应的域名转换。Tracert一般用来检测故障的位置，用Tracert IP检测在哪个环节上出了问题，虽然不能确定是什么类型的故障，但是可以明确故障的具体位置，方便进行下一步处理。

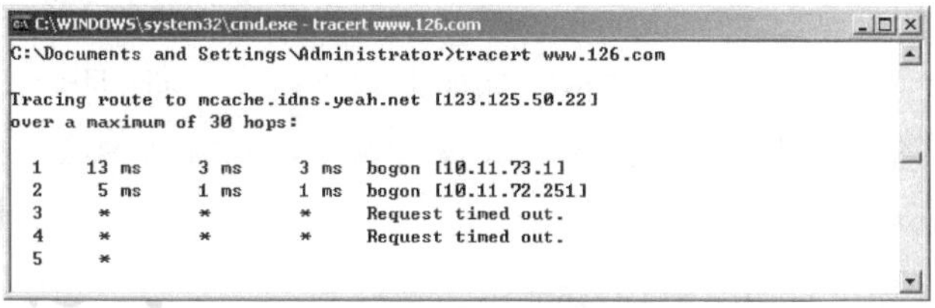

图1-26　Tracert具体显示

4）Net：Net命令有很多参数用于使用和核查计算机之间的NetBIOS连接，是非常重要的网络命令。Net的参数非常多不能全部介绍，这里重点介绍net use参数。

net use本地盘符目标计算机共享点：本命令用于建立或取消到达特定共享点的映像驱动器的连接（如果需要，则必须提供用户ID或密码）。例如，输入"net use x:\\10.11.72.10\film$"就是将映像驱动器x连接到\\10.11.72.10\film$共享点上，这样直接访问x就可以访问\\10.11.72.10\film$这个共享点，如图1-27所示，这和右键单击"我的电脑"，在弹出的快捷菜单中选择映射网络驱动器类似，如图1-28所示。

图1-27　net use建立映像驱动器具体显示

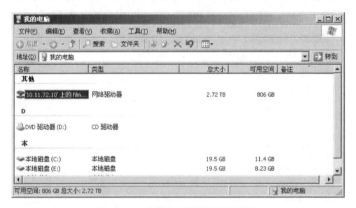

图1-28　映像驱动器的具体显示

5）NET USER：添加或更改用户账户或显示用户账户信息，该命令也可以写为net users。输入不带参数的net user可查看计算机上的用户账户列表。如果要建立超级用户，则需要分两步进行：首先建立普通用户，然后把这个普通用户加入到超级用户组，具体命令为"net user abc 123456 /add"，意思是建立users组的abc用户，密码为123456。现在可以看到abc已经是本机的用户了，如图1-29和图1-30所示。接下来输入"net localgroup administrators abc /add"，将abc用户加入到超级用户组，当然这时的操作权限应该是超级用户操作环境。可以看到，abc现在已经是超级用户组的用户了，如图1-31和图1-32所示。NET USER的常用命令选项介绍如下。

①net start：启动服务，或显示已启动服务的列表。不加任何参数是显示主机现在已经启动的服务，如图1-33所示。net start service加上服务名称是启动相关服务，但是并不是任何服务都可以通过这个命令启动。例如，TELNET服务，系统认为这个服务非常危险，就无法使用net start命令启动。

②net stop：停止服务，命令格式为net stop service。

网络维护与故障解决

③net share：创建、删除或显示共享资源。输入不带参数的net share命令显示本地计算机上所有共享资源的信息。

例如，net share myshare=c:\temp，即以myshare为共享名共享C:\temp。命令成功执行后可以使用net share命令查看结果，如图1-34所示。"net share myshare /delete"用于停止共享myshare目录。

图1-29　增加用户的具体显示

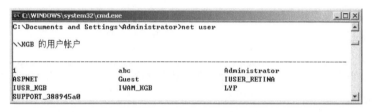

图1-30　本机现有用户的具体显示

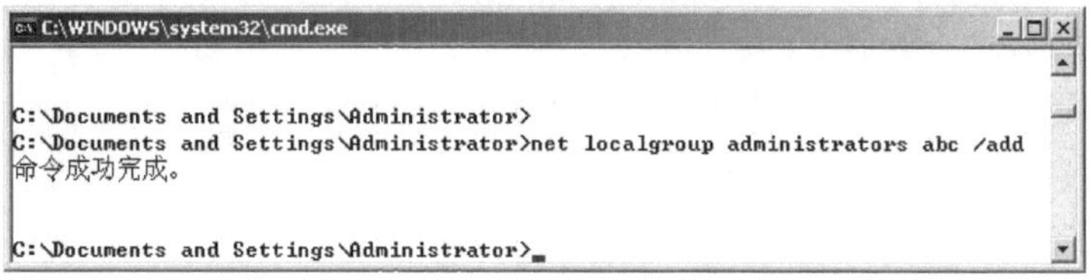

图1-31　将用户添加到超级用户组的具体显示

图1-32　超级用户组内用户的具体显示

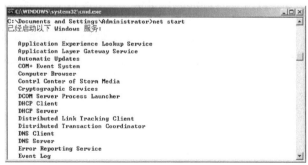

图1-33　net start具体显示

```
C:\WINDOWS\system32\cmd.exe                                    _|□|×

C:\>net share myshare=c:\temp
myshare 共享成功。


C:\>net share

共享名        资源                              注释

-------------------------------------------------------------------
IPC$                                            远程 IPC
C$           C:\                                默认共享
ADMIN$       C:\WINDOWS                         远程管理
F$           F:\                                默认共享
E$           E:\                                默认共享
1            F:\工具                            1
myshare      c:\temp
office       E:\office
侦测         E:\安全讲义\录像\侦测
命令成功完成。
```

图1-34　net share具体显示

6）Ping：Ping是TCP/IP中最常用的命令之一。它给另一个系统发送一系列的数据报，该系统本身又发回一个响应，这条实用程序对查找远程主机很有帮助，它返回的结果显示本机的信息是否到达对方机器以及对方机器发送一个返回数据报需要多长时间。Ping的简单使用大家一定都非常熟悉了，下面学习ping命令常用的两个参数，这两个参数对于测试网络性能很有帮助。

① ping -t：如果人为不进行干预，这个参数将不间断向对方发送ICMP数据包。这个参数对于在一段时间内测试网络稳定性有很大帮助。具体格式为"ping 对方ip地址 -t"，如ping 192.168.11.1 -t，如图1-35所示。停止命令可按<ctrl+c>组合键。

```
C:\WINDOWS\system32\cmd.exe                                    _|□|×

C:\>ping 192.168.11.1 -t

Pinging 192.168.11.1 with 32 bytes of data:

Reply from 192.168.11.1: bytes=32 time<1ms TTL=128
Reply from 192.168.11.1: bytes=32 time<1ms TTL=128
Reply from 192.168.11.1: bytes=32 time<1ms TTL=128
Reply from 192.168.11.1: bytes=32 time<1ms TTL=128
Reply from 192.168.11.1: bytes=32 time<1ms TTL=128
Reply from 192.168.11.1: bytes=32 time<1ms TTL=128
Reply from 192.168.11.1: bytes=32 time<1ms TTL=128
Reply from 192.168.11.1: bytes=32 time<1ms TTL=128
Reply from 192.168.11.1: bytes=32 time<1ms TTL=128
Reply from 192.168.11.1: bytes=32 time<1ms TTL=128
```

图1-35　ping -t具体显示

② ping -l：这个参数负责改变ICMP数据包的大小，范围是0～65 000，如果超出范围，则系统会给予提示，如图1-36所示。在局域网线路上可以发送大容量数据报来检验线路的吞吐量。-l和-t相互配合是维护人员常用到的组合参数。具体格式为"ping -l 数据报大小对方ip地址 -t"，如ping -l 65000 192.168.11.1 -t，如图1-37所示。

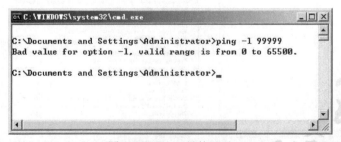

图1-36　ping -l具体显示

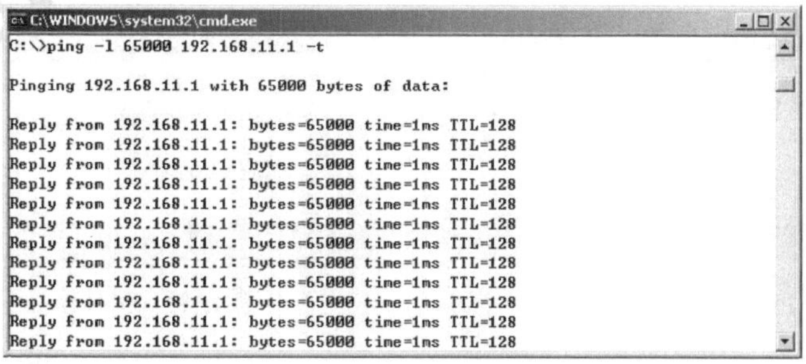

图1-37 ping -l具体显示

必备知识

除了上述的网络参数获取命令之外，还应该掌握简单的DOS命令，这些命令在进行网络维护和故障排除时会经常用到。

1. dir

功能：dir是DOS命令中使用最广泛的一个，作用是查看当前路径下的目录和文件。

格式：dir

另外，dir还可以进行分屏显示和分行显示，方便用户查找文件以及在一屏内显示更多的内容。具体格式是dir/p和dir/w，显示满一屏后可以按任意键显示下一屏。

例：查看C盘根目录下的文件和目录，如图1-38所示。

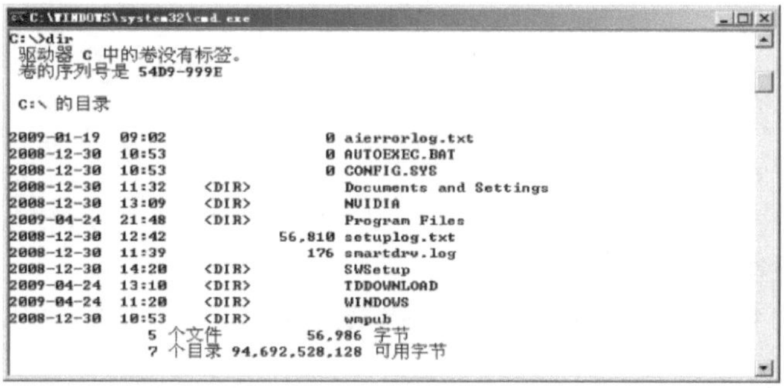

图1-38 dir具体显示

2. md

功能：在当前路径下建立文件夹。

格式：md 文件夹名称

例：在C盘根目录下建立2zz文件夹，即输入"md 2zz"，如图1-39所示。

3. cd

功能：改变当前路径。

格式：cd 文件夹名称

例：进入windows文件夹，改变当前路径为C:\windows，即输入"cd windows"，如图1-40所示。

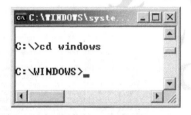

图1-39　md具体显示　　　　　　　　　　　图1-40　cd具体显示

4. rd

功能：删除文件夹。

格式：rd　文件夹名称

例：删除文件夹aaa，即输入"rd aaa"，如图1-41所示。注意，rd命令不能删除非空文件夹。

上面几个命令都涉及了路径这个参数，那么什么是路径呢？这是一个DOS时代的词语，针对现在的Windows类的操作系统已经很少出现。在使用这些命令时需要注意具体的操作参数是相对路径还是绝对路径。绝对路径是针对系统的准确位置，这个位置是不发生改变的，如c:\windows\system32\dirvers\。相对路径是针对参照物来表示的路径，如上例，system32目录相对dirvers目录是父子目录的关系，但是，windows目录相对system32目录是也父子目录的关系，这种关系就是相对的。

5. copy con

功能：建立文本文件。

格式：copy con　文件名

　　　　输入文本内容

　　　　按<ctrl+z>退出文本编辑

例：建立1.txt文本文件，第一行内容：网络安全，第二行内容：非常重要，如图1-42所示。

图1-41　rd具体显示　　　　　　　　　　图1-42　copy con具体显示

6. type

功能：显示文本文件内容。

格式：type　文本文件名

例：显示1.txt文件的内容，即输入"type 1.txt"，如图1-43所示。

7. del

功能：删除指定文件。

格式：del　文件名

例：删除C:\1.txt，即输入"del 1.txt"，如图1-44所示。

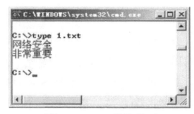 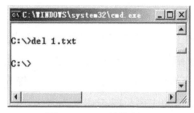

图1-43　type具体显示　　　　　　　图1-44　del具体显示

8. copy

功能：复制文件。

格式：copy　文件源位置　文件目标位置

例：将C:\1.txt文件复制到C:\abc目录下，即输入"copy 1.txt abc"，如图1-45所示。

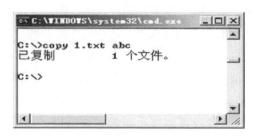

图1-45　copy具体显示

 知识链接

　　DOS是一类操作系统的名称，常用的DOS包括MS-DOS和PC-DOS等。Windows 9x系统都是以MS-DOS为基础的，但是Windows 9x以上系统都是以NT内核为基础的。现在的DOS命令都是由Windows系统所提供的，并不单独存在。DOS是典型的黑屏命令型操作系统，一般的操作都是通过命令来完成的。DOS的优点是快捷、占用系统资源少，熟练的用户可以通过创建BAT或CMD批处理文件来完成一些烦琐的任务，甚至可以编一些小程序。因此，在现在流行的窗口型操作系统下使用CMD状态的DOS命令仍是高手的最爱。

任务3　生成网络运行分析报告

 任务分析

　　了解了必要的网络参数类型和获取这些参数的一些常见命令之后，即可开始进行网络参数的获取工作。这些工作都是为了生成网络运行分析报告，这份报告的主要目的是针对现在运行网络的一种描述。此项针对网络的描述是评价网络维护工作是否有效的初始资料和信息，也是进行网络维护工作的重要依据。

任务实施

在掌握了一手的整体网络性能参数之后就要对网络进行分析了，找出网络存在的问题和隐患。问题和隐患可能出在多个方面，如设计时期的局限性、设备和线路的老化、网络软件使用的变化、网络服务功能的增加、网络行为的多样化等。所以这就要求维护人员对现象进行分析，找出问题的实质，然后进行分类汇总，并提出网络整改的意见，最终要生成网络性能测试报告和现有网络缺陷报告以及网络整改意见报告。如果网络软件是网络应用的重要部分，则还应该生成网络应用软件分析报告，详细地分析各类软件的使用情况、频繁度、带宽占用情况以及现有网络环境下相关软件的响应时间等，并将这些报告向上级主管部门或负责人提交。这项工作确实费时费力，但非常重要。作为维护人员有一点必须牢记：技术不能解决所有网络问题，如非技术性问题的解决往往需要规章制度的辅助，只靠技术是难以实现的，即使在技术问题层面也有解决不了的问题，类似刚才讲到的设计缺陷、网络服务的增加导致的网络带宽紧张等问题。有些问题的解决还需要资金的投入等。这些问题都不是一个维护人员可以决定的。那么作为维护人员必须向上级部门说明这些情况，要上级部门了解哪些网络问题不是可以通过技术来解决的。如何说明这些情况呢？这就要靠上面讲到的那几份报告了。

在熟悉了网络的相关情况后，如何生成针对各种情况的分析报告呢？下面先简单介绍一下这几类报告应该包涵的主要内容，然后再为大家提供一份相关报告的样例，为以后生成这类报告提供参考。

应用软件分析报告应该涵盖的具体内容：网络使用软件名称、类型、需要流量、响应时间、频率、对网络影响程度、使用广泛程度。

常见问题总结分析报告应该涵盖的内容：①硬件问题，哪些硬件存在哪些常见问题，引发这类问题的原因分析；②软件问题，哪些软件在使用过程中容易出现什么问题，问题原因分析；③应用问题，网络存在哪些服务和应用，这些服务和应用存在哪些问题，原因分析；④行为问题，网络应用中严重影响网络性能、干扰网络基本应用的员工行为分析。

网络环境分析报告应该涵盖的内容：①总体网络性能分析，通过测试和分析，现有网络处在何种运行状态，导致这种状态的原因分析；②现存问题总体分析，网络中存在的主要问题的分类，以及这些问题形成的原因；③总体改进方案设计，针对网络中存在的问题，如何改进和提高网络总体性能的建议。

下面通过一份网络运行情况报告的实例来加深读者的理解。本报告为某单位小型网络的运行情况分析报告，维护人员接手网络维护工作时，网络已经运行了一年多的时间。网络总体运行情况良好，没有出现网络崩溃等类似问题，但网络时常出现阻塞现象。本书节选了报告中涉及应用软件、网络环境、网络常见问题以及建议整改方案等内容的环节，由于篇幅有限，对其他内容进行了省略。

经典案例

××单位网络运行情况分析报告

1. 应用软件分析

全网应用各类软件144种，分为操作系统、单机软件、B/S软件、网络服务类软件四大类。常用软件74种，其中单机和网络安全维护类18种、操作系统类6种、单机应用类22种、网络类业务软件4种、网络管理类2种、网络服务软件12种、网络应用软件10种。公司行为许可软件44种、严格禁止使用软件12种。其中，对网络性能有很大影响的软件共36种。使用频率超过每天6h或每天10次的软件24种，使用广泛程度达到40%的软件30种。下面将各类软件的具体情况和参数进行制表记录。（以下略）

2. 网络常见问题分析报告

通过一段时间的实际测试和分析，现有网络存在如下问题，从4个方面分别呈报。

（1）硬件问题

部分机器使用年限过长，单机维护任务较重。市场部机器使用频繁，网卡老化严重，经常出现连接不畅的现象。展示厅内网络线路存在老化现象。市场部交换机端口速度已经不能满足现有网络的应用要求。研发部门网络染毒频率高，交换机缺乏安全性能，病毒产生攻击经常波及全网，导致全网不能进行外连Internet操作。

（2）软件问题

操作系统升级不及时，普遍存在漏洞。现有业务软件流量过大，使用频繁期常出现无法登录的问题。浏览器种类不统一，网络服务时常发生不兼容的现象。

（3）应用问题

网络服务设置不合理，服务中断次数频繁。网络应用时间过于集中，并且在集中使用时间段内网络性能无法实现响应时间的需求。在上班、下班时间段内网络使用率过高，网络运行处于危险临界状态。服务器提供的网络服务过多，不堪重负，网络服务质量难以保障。

（4）行为问题

网络带宽存在非法占用现象，其中迅雷BT和实时聊天类软件居多。使用者缺乏安全意识，个别机器带毒运行，机器自动扩散病毒情况频繁。使用者没有遵守规章制度，导致部分网络服务失效和带宽浪费，如DHCP地址占用、从外网访问公司服务器等。

3. 网络环境分析报告

（1）总体网络性能分析

通过测试和分析，现有网络整体运行正常，主干网设备运行良好，主干线路没有发现老化现象。各子网分析如下：运营部子网业务流量很大，子网交换机经常出现问题。研发部门子网染毒频率很高，子网交换机缺少防护机制。整体外连Internet部分运行正常，但是缺少备份线路，容错能力很低。现有服务器由于使用负载过重，响应时间与预期有一定差异。

（2）具体分析

主干网设备和线路分析（略）；各子网线路和设备分析（略）；存储部分分析（略）。

4. 网络现存问题总体分析

子网和主干网交换环节存在问题，部分子网交换流量很大。子网部分缺乏安全机制，主

学习单元 1 熟悉网络性能

干网的安全防御没有深入子网，子网主动染毒性很高。业务流量比设计时期有很大程度的增大，服务器处理能力和存储设备容量出现问题。非法流量对带宽有一定影响，有些时候会严重影响网络性能，如重大事件发生或影视大片上映期间，下载和在线观看的流量很大。

5．总体改进方案设计

主干网部分暂时不需要升级和优化。子网和主干网连接环节需要进行优化，要根据具体子网的情况更换不同性能的交换设备。存储部分应该添加存储容量，建议引入磁盘阵列。主服务器负担过重，建议增加服务器进行网络服务的负载均衡。完善网络行为管理制度，减少非业务流量对整体带宽的占用，提高网络性能。制定访问策略，减少同一时间段对服务器的访问流量。主网外连Internet部分需要进行线路备份，防止一旦线路出现问题，外网访问Web服务器失效。

必备知识

1．网络维护岗位需要的专业知识储备

网络维护也是一门综合类学科，它所包含的知识很多。所以要成为一名优秀的维护人员，要对必要的知识进行储备。本书简单地对网络维护需要的先导知识做了分类，具体如下。

1）单机维修与维护：掌握单机的维修是必须的，要想解决网络的问题，首先要保证单机没有问题，所以网络维护人员要掌握单机的维修与维护方法。

2）网络设备的调试与安装：网络设备的知识含量比较大，尤其是路由器这部分，所以相应的维护任务量也比较大，设备的配置也是网络维护人员必须掌握的知识。

3）网络安全与防护：现阶段针对网络安全方面的维护量非常大，网络安全的投资也越来越多，网络维护人员需要了解网络安全与防护的相关知识。

4）网络服务器的构建：在网络维护中针对应用层的维护也是非常常见的，这就要求网络的维护人员要掌握各类服务器的构建和使用，如IIS、FTP、IMAIL等。

5）基本电气知识：网络数据的传输和设备运转工作很大程度上是依靠电的作用，所以网络设备、计算机设备等都是电气设备，会存在电气设备的共性。例如，散热问题、防水问题、防干扰问题等。这就要求网络维护人员要了解一定的电气基础知识。

6）基本维护工具的使用：网络维护是需要维护工具的，有些是软件、有些是硬件。软件类似Sniffer，硬件如网络测试仪、网络分析仪等。作为网络的维护人员，这些软硬件的使用应该比较熟练。

2．网络维护的工具

网络维护的工具有很多种，这些工具的作用是为网络人员提供数据参数并帮助维护人员提出相应的网络维护方案，具体的维护工具分为软件和硬件两大类。常用的维护软件也有两类，一类是数据捕获类软件，如Sniffer类的相关软件，如图1-46所示，这类软件的主要作用是对网络内部的数据传输进行实时侦测，通过对数据的侦测来发现或预测网络存在的问题；另一类是网络扫瞄类软件，如OpenView，这类软件的作用是不断地对网络节点进行数据扫描，及时发现和记录节点的状态参数，网络维护人员通过这些参数来发现网络中存在的问题。维护人员要了解一个问题：网络出现问题并不一定伴随着网络故障，有些时候网络可以正常运行，但是这并不代表网络不存在问题。通过上述的两类软件可以获得及时的数据参数，通过对这些参数的分析才可以断定网络现在是不是存在问题。除了软件工具就是一些硬件工具，如网络测试议、协议分析仪等，如图1-47所示。这些硬件工具可以对整体网络的运行状态进行测试且可以对传输介质进行测试，以发现介质的老化状况。通过使用这些工具可以获得多种数据，类似速度值、干扰值等。福禄克等公司堆出了很多这类的硬件维护工具，为网络维护工作提供了非常有力的帮助。

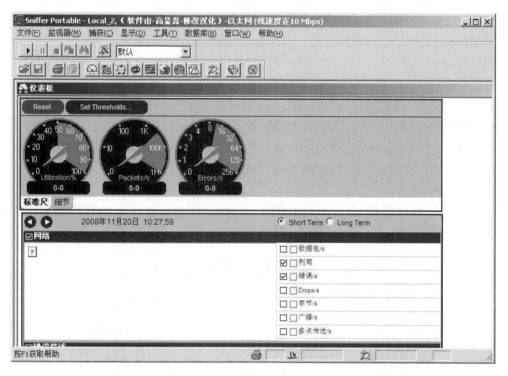

图1-46　网络维护软件Sniffer pro

图1-47　网络协议测试仪器

实训目标：掌握Sniffer pro软件的安装方法。

实训环境：Sniffer pro软件，Windows2000/XP/2003系统。

实训过程：

Sniffer（嗅探器）就是利用计算机的网络接口截获目的地为其他计算机的数据报文的一种技术，该技术被广泛应用于网络维护和管理方面，它工作时就像一部被动声纳，默默地接收着来自网络的各种信息，通过对这些数据的分析，网络管理员可以深入了解网络当前的运行状况，以便找出所关心的网络中潜在的问题。

Sniffer本来是网络工程师常用的工具，也是网络管理员的好帮手，但由于网络中的数据传送往往是以明文方式进行的（不要怀疑，甚至用户名和这类敏感信息也是明文传送的，尤其是在以太网中），所以Sniffer也常被某些人用于"特殊"的用途。

Sniffer工具在功能和设计上有很多不同。有些只能分析一种协议，而另一些可能能够分析几百种协议。一般情况下，大多数的嗅探器至少能够分析如下的协议：标准的以太网、TCP/IP、IPX、DECNet等，在这方面，往往商业软件的表现较一些免费软件要好。目前在商业网管软件中，以NAI出品的Sniffer pro较为知名。

步骤1：安装过程。

双击可执行程序Sniffer pro 4.70.530，开始运行安装程序，如图1-48所示。单击"Next"按钮进行安装。

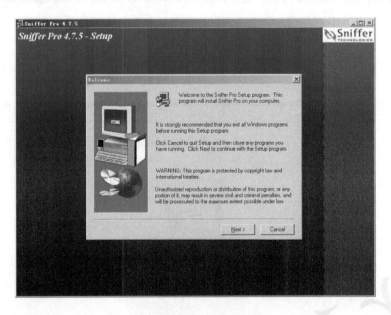

图1-48　Sniffer安装界面

步骤2：安装过程中会出现Sniffer安装信息界面和软件许可界面，如图1-49和图1-50所示，单击"Next"按钮进入下一个安装界面。

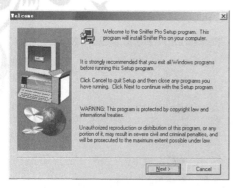

图1-49　Sniffer安装信息

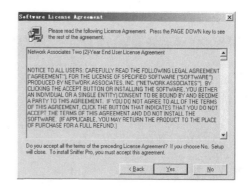

图1-50　软件许可协议

步骤3：如图1-51所示填写用户信息，如图1-52所示选择目录路径。填写完毕后单击"Next"按钮开始安装Sniffer pro软件。安装过程如图1-53所示，在安装到99%的时候系统会进行自动配置和检测，进度条会停止一段时间，不是死机，大家要耐心等待。

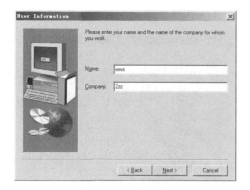

图1-51　用户信息

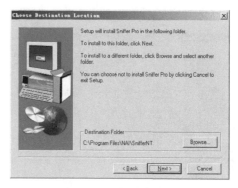

图1-52　选择目标路径

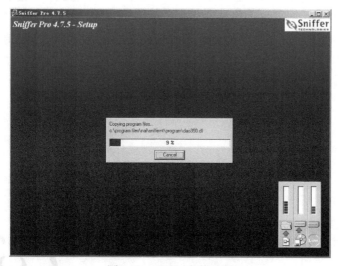

图1-53　Sniffer安装过程

步骤4：安装完毕后，出现填写用户信息的界面，Sniffer pro在填写用户信息时稍显麻烦，关键是要输入两次序列号。图1-54所示主要是填写用户信息，在这个界面需要填写一次序列号。图1-55所示主要是填写用户地址和联系方式。

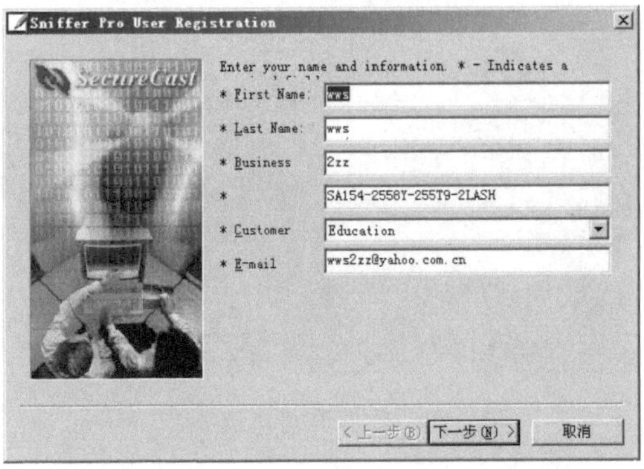

图1-54　填写用户各人信息

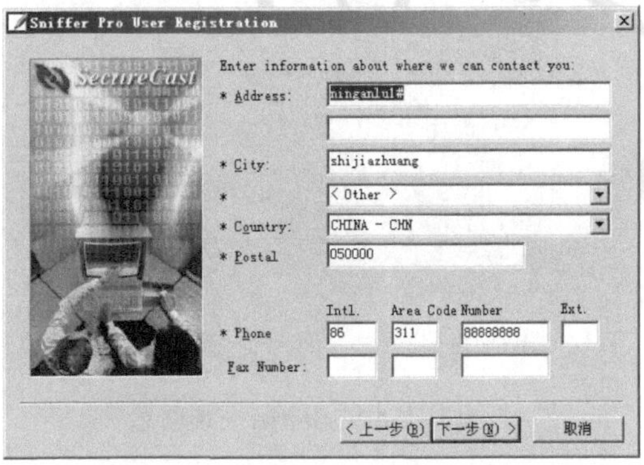

图1-55　填写用户地址和通信信息

步骤5：在图1-56所示的界面中主要填写用户通过何种途径了解的Sniffer pro软件，注意，在这个界面要填写第二次序列号。图1-57所示的界面是让用户选择本机和Internet的连接方式。选择完毕后单击"下一步"按钮，出现用户信息统计界面。

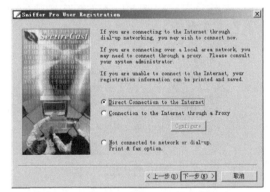

图1-56　选择了解本软件的途径

图1-57　选择本机和Internet的连接方式

步骤6：选择完成后，安装文件会提示本软件要求的浏览器的最低版本，如图1-58所示。单击"确定"按钮后出现重启计算机提示，如图1-59所示。这时，本软件安装完成，重新启动计算机后，可以从程序菜单中启动，如图1-60所示。

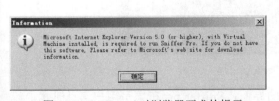

图1-58　Sniffer pro对浏览器要求的提示

图1-59　要求重启提示

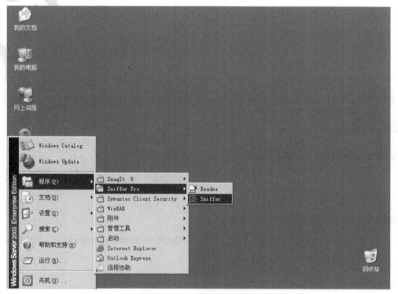

图1-60　程序菜单显示

项目拓展　通过Sniffer pro软件测试网络性能

网络性能是网络维护人员最关心的问题，但是网络性能又很难进行数字化的测试。针对一般中小企业的网络维护工作，企业很难给网络维护人员配备高端的测试设备，没有高端的测试设备想迅速得到网络性能的各项参数是不可能的。网络性能测试软件可以准确地获取参数，但是这类软件一般都是收费软件，免费的软件要么只能进行模糊测试，要么只能做点到点测试，功能局限性很大。所以进行整体网络性能的测试对于中小企业维护人员来说是很困难的。

Sniffer pro软件有一定的网络性能测试功能，虽然这些功能不能尽如人意，但对于中小企业来说还是够用的。再有，这可能也是一种不得已的选择。

下面简单讲述Sniffer pro的网络性能测试功能。

1．仪表板和细节

这是最直观的网络性能测试环节。仪表板包括3个仪表显示，分别是网络使用率、每秒数据包量、每秒的错误率。仪表的红色部分代表预设的报警阈值。这3个参数对于网络来说是非常重要的，而且仪表板显示非常直观。如果大家觉得仪表板显示的网络性能参数比较少，可以打开仪表板的细节选项，细节选项中有较全面的网络性能参数。这些参数中比较重要的是网络利用率、每秒发包率、每秒错误率、每秒丢弃数量、广播数量、碎片数量、多点传送等。这些参数往往直接决定着网络的性能，例如，每秒丢弃数量这个参数，如果两次测得的这个参数差异较大，那么很有可能是病毒或DOS攻击，以致大量发包造成的。广播包数量达到总发包数量的20%网络就要出现问题了。碎片过多很可能是常见的碎片攻击。如果多点传送过多，则网络性能一定不会太好，众所周知的，如BT和电驴等下载软件都是多点进行传送的，这些软件的大量使用往往会拖垮一个网络。而且Sniffer pro提供阈值报警功能，可以针对网络性能参数进行阈值测试，一旦某个参数超出阈值，Sniffer pro便会提示报警。具体各项阈值可以单击仪表板上方的“Set thresholds”进行设置，具体显示如图1-61和图1-62所示。

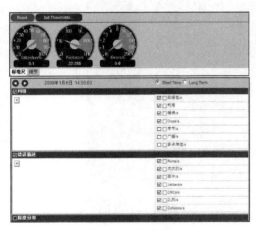

图1-61　仪表板

图1-62　细节显示

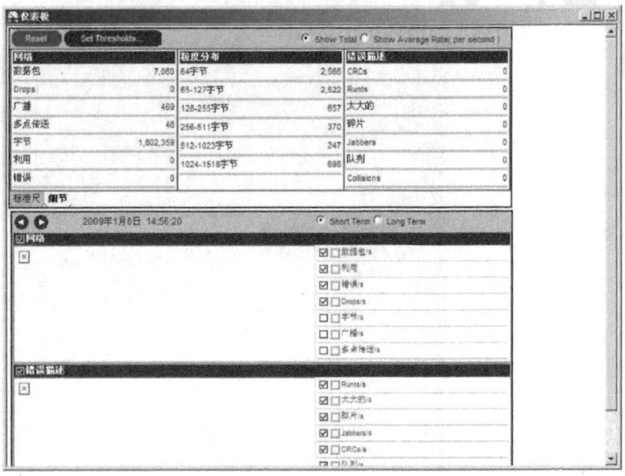

2. 主机列表

主机列表部分是对进出主机的数据包以及广播数据包的数字化统计，如图1-63所示，而且提供IP地址和MAC地址两种查询方式。除此之外，主机列表部分还提供不同协议的具体统计，做到了协议和主机对应的查询。主机列表部分还有一个非常实用的环节是针对流量的比较，可以方便地查看数据包流量比较大的具体主机，并进行排序。这些功能对于查看网络性能的具体情况有很大帮助，而且是通过Sniffer pro软件诊断网络故障的主要依据。

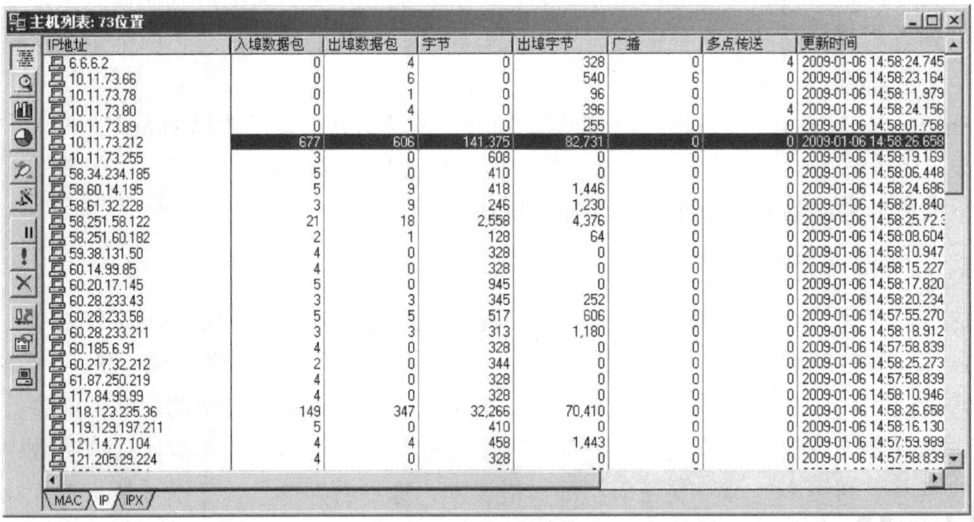

主机列表: 73位置

IP地址	入埠数据包	出埠数据包	字节	出埠字节	广播	多点传送	更新时间
6.6.6.2	0	4	0	328	0	4	2009-01-06 14:58:24.745
10.11.73.66	0	6	0	540	6	0	2009-01-06 14:58:23.164
10.11.73.78	0	1	0	96	0	0	2009-01-06 14:58:11.979
10.11.73.80	0	4	0	396	0	4	2009-01-06 14:58:24.156
10.11.73.89	0	1	0	255	0	0	2009-01-06 14:58:01.758
10.11.73.212	677	606	141,375	82,731	0	0	2009-01-06 14:58:26.658
10.11.73.255	3	0	608	0	0	0	2009-01-06 14:58:19.169
58.34.234.185	5	0	410	0	0	0	2009-01-06 14:58:06.448
58.60.14.195	5	9	418	1,446	0	0	2009-01-06 14:58:24.686
58.61.32.228	3	9	246	1,230	0	0	2009-01-06 14:58:21.840
58.251.58.122	21	18	2,558	4,376	0	0	2009-01-06 14:58:25.72.3
58.251.60.182	2	1	128	64	0	0	2009-01-06 14:58:08.604
59.38.131.50	4	0	328	0	0	0	2009-01-06 14:58:10.947
60.14.99.85	4	0	328	0	0	0	2009-01-06 14:58:15.227
60.20.17.145	5	0	945	0	0	0	2009-01-06 14:58:17.820
60.28.233.43	3	3	345	252	0	0	2009-01-06 14:58:20.234
60.28.233.58	5	5	517	606	0	0	2009-01-06 14:57:55.270
60.28.233.211	3	3	313	1,180	0	0	2009-01-06 14:58:18.912
60.185.6.91	4	0	328	0	0	0	2009-01-06 14:57:58.839
60.217.32.212	2	0	344	0	0	0	2009-01-06 14:58:25.273
61.87.250.219	4	0	328	0	0	0	2009-01-06 14:57:58.839
117.84.99.99	4	0	328	0	0	0	2009-01-06 14:58:10.946
118.123.235.36	149	347	32,266	70,410	0	0	2009-01-06 14:58:26.658
119.129.197.211	5	0	410	0	0	0	2009-01-06 14:58:16.130
121.14.77.104	4	4	458	1,443	0	0	2009-01-06 14:57:59.989
121.205.29.224	4	0	328	0	0	0	2009-01-06 14:57:58.839

MAC IP IPX

图1-63　主机列表

3. 协议分布

在主机列表部分介绍了协议分布的统计，Sniffer pro还提供全局的协议统计工具，这就是协议分布。通过这个工具可以了解在网络内数据包的协议分布。此工具除了提供数字化的协议统计之外，还提供了比较直观的分布图统计方式。协议分布工具对掌控网络的协议数据包分布有很大的帮助，而且协议分布工具还可以帮助维护人员进行故障类型的初期诊断，具体显示如图1-64所示。

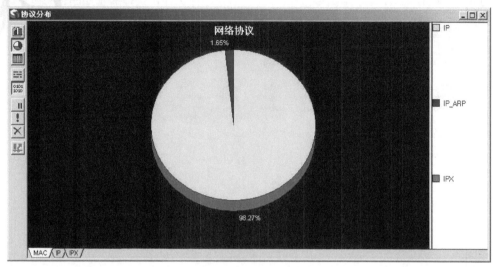

图1-64　协议分布

4．请求响应时间

请求响应时间是网络性能参数中非常重要的一个，但又是很难获取的一个参数，具体情况在网络性能测试的相关章节介绍过。Sniffer pro提供了响应时间的测线功能，但功能不是很强大，具体参数变化较大，可以通过设置捕获限制来具体测试具体某一台主机的响应参数。但是，如果是在主机过多的情况下获取的响应参数，则对了解整体网络性能帮助不大。响应时间功能提供针对平均、最大、最小等响应时间的测试，还可以提供针对不同的网络协议的响应时间的测试。例如，默认是HTTP协议，还可以通过设置加载针对DNS等相关的网络协议的响应时间的测试，具体显示如图1-65所示。

服务器地址	客户地址	AvgRsp	90%Rsp	MinRsp	MaxRsp	TotRsp	0-25	26-50	51-100	101-200	201-400	401-800	801-1600	服务器Octe..
119.147.10.169	kgb	263	264	254	272	2	0	0	0	0	2	0	0	355
119.147.18.144	kgb	276	296	245	307	2	0	0	0	0	2	0	0	1,251
121.14.77.235	kgb	194	189	188	199	2	0	0	0	2	0	0	0	3,318
122.200.66.145	kgb	65	74	56	77	4	0	0	4	0	0	0	0	1,334
hn.kd.ny.adsl	kgb	101	117	83	124	3	0	0	2	1	0	0	0	4,510
208.111.148.23	kgb	382	408	314	410	22	0	0	0	0	12	10	0	278K
211.103.159.77	kgb	142	142	137	147	2	0	0	0	2	0	0	0	586
211.103.159.91	kgb	213	267	168	296	3	0	0	0	2	1	0	0	1,296
218.59.144.45	kgb	40	56	29	59	3	0	2	1	0	0	0	0	403
218.59.144.46	kgb	24	24	24	24	1	1	0	0	0	0	0	0	66
218.59.144.53	kgb	25	26	23	27	2	1	1	0	0	0	0	0	2,899
219.133.41.211	kgb	41	39	41	41	2	0	2	0	0	0	0	0	640
219.133.48.184	kgb	40	40	40	40	1	0	1	0	0	0	0	0	64
219.133.51.21	kgb	40	39	40	40	2	0	2	0	0	0	0	0	902
221.192.153.44	kgb	165	166	156	174	2	0	0	0	2	0	0	0	425
221.202.122.7	kgb	94	91	91	96	4	0	0	4	0	0	0	0	1,193
221.4.246.73	kgb	54	55	53	56	2	0	0	2	0	0	0	0	436
222.73.78.202	kgb	30	29	29	30	2	0	2	0	0	0	0	0	9,950
58.251.57.201	kgb	112	213	35	226	5	0	0	2	1	0	0	0	1,108
58.251.57.204	kgb	170	200	135	232	2	0	0	0	9	1	0	0	30,241

HTTP　DNS

图1-65　请求响应时间

5. 历史取样

Sniffer pro的历史取样功能非常实用。维护人员可以进行简单的操作来进行网络性能各项参数的取样并进行记录，作为网络维护日志的一部分进行保存，具体显示如图1-66所示。

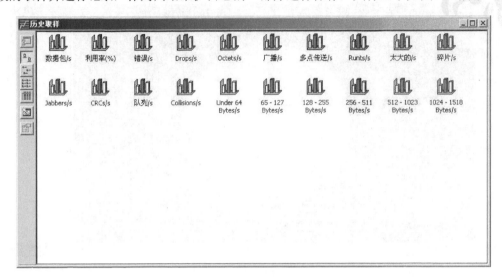

图1-66　历史取样

6. 全局统计表

全局统计表的作用是针对网络传输的数据包大小的分类统计。这项统计涉及网络性能的诸多方面，如传输介质的速率等，都与数据包的大小有直接关系，具体显示如图1-67所示。

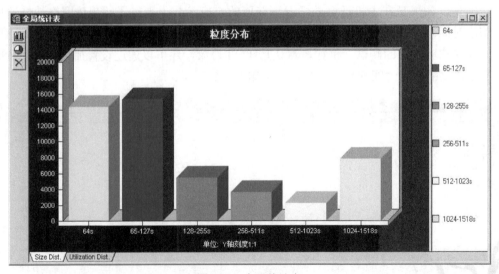

图1-67　全局统计表

7. 警报日志

警报日志提供对网络性能的各项指标超过阈值的情况的记录，这些记录方便维护人员进行日志查询，类似服务器的相关日志记录，如图1-68所示。

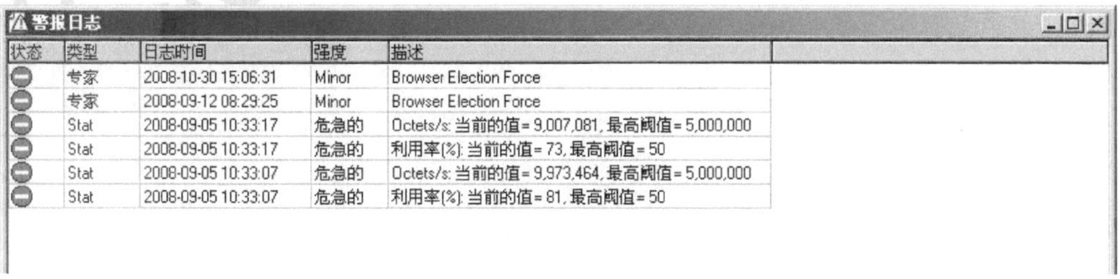

警报日志

状态	类型	日志时间	强度	描述
	专家	2008-10-30 15:06:31	Minor	Browser Election Force
	专家	2008-09-12 08:29:25	Minor	Browser Election Force
	Stat	2008-09-05 10:33:17	危急的	Octets/s: 当前的值 = 9,007,081, 最高阈值 = 5,000,000
	Stat	2008-09-05 10:33:17	危急的	利用率(%): 当前的值 = 73, 最高阈值 = 50
	Stat	2008-09-05 10:33:07	危急的	Octets/s: 当前的值 = 9,973,464, 最高阈值 = 5,000,000
	Stat	2008-09-05 10:33:07	危急的	利用率(%): 当前的值 = 81, 最高阈值 = 50

图1-68　警报日志

单 元 小 结

本单元主要针对网络运行环境和网络运行性能参数两个内容进行了讲述。在这两个项目中详细介绍了网络运行的各种环境和网络运行所处的生命周期阶段以及网络运行性能参数的定义与获取等，并在获取了相应环境和性能参数后针对整体网络运行生成了网络运行分析报告。本单元是针对网络维护与故障解决的先导环节，这些参数以及环境的了解都是为了能更好地进行整体网络维护和故障解决做铺垫。

本单元重点在于对网络运行环境的了解和对网络各类拓扑图的绘制，以及针对各项网络性能参数获取的各类命令和相关软件的安装使用。这些技能的掌握都是进行整体网络维护和故障解决的先决条件。生成整体网络运行报告是本单元的难点，需要一些先导课程的基础知识作为辅助。

单 元 评 价

测评项目	测评答案	测评分值	实际得分
两种常见的网络拓扑图的区别		10	
网络维护的对象		10	
网络维护的具体内容		10	
网络维护的目的		10	
网络维护的3个阶段及其维护要点		10	
常见的网络性能参数		10	
绘制实训场所的网络逻辑拓扑图和物理拓扑图		10	
使用网络命令获取网络性能参数		10	
Sniffer pro的安装		10	
利用Sniffer pro获取网络参数		10	
总分			

学习单元2
网络维护的日常工作

单元概要

本单元将网络维护的具体工作分为5个项目，分别是传输线路、网络设备、数据和网络安全的维护以及网络管理的基础内容。在完成维护任务的同时还兼顾了相关必备知识的熟悉，还讲述了同一项目在不同时期的维护重点。

单元情景

小李通过前一个阶段的学习和调查，已经熟悉了所要维护网络的各项性能参数和所需维护网络的生命周期阶段。在本单元，小李将实际进行网络维护的各项工作。虽然维护工作是一个整体，在实际工作中很难分开，但是为了方便读者理解和学习，本单元将具体的维护任务分为5个项目，每个项目进行一类专项维护任务。小李将通过这些维护项目逐步了解和掌握网络维护岗位的具体工作要求。

学习目标

通过对本单元的学习，作为网络维护技术人员要掌握相应维护项目的技能和知识，尤其要熟悉相关项目的维护过程和正规的维护方式方法。

项目1
传输线路的维护

项目情景 ●●●

　　小李熟悉了所要维护的网络之后就要开始进行具体的网络维护工作了。首先，小李要对网络的传输线路进行维护。在这个项目中，小李将针对网络中常见的传输线路进行全面的维护。在进行维护的过程中，还要熟悉和掌握相关传输介质的一些特性和针对此类传输介质的维护项目。

项目情景 ●●●

　　本项目分为两个任务，即针对常见的双绞线介质和光纤介质进行维护。掌握正规化的维护方式方法和维护流程是本项目的重点。

任务1　双绞线的日常维护

任务分析

　　线路维护属于物理层的维护任务，对比其他层次的维护任务，物理层维护技术相对简单，但是工作量很大，因为传输线路连接整个网络的所有信息点，所有在维护过程中针对线路和接口的检测和记录工作都是很烦琐的，需要维护人员有很好的耐心。

任务实施

　　进行线路维护主要是查看线路的连接状态、接口的完好性等。针对双绞线的线路维护主要工作是检查双绞线的连接接口状态，这些接口包括用户端的模块接口、网络中心的网络设备的连接接口、楼层网络交换设备的连接接口等。因为双绞线不存在室外铺设的可能性，所以不存在室外线路检查的任务。下面重点讲述如何完成双绞线传输线路的维护工作，具体步骤如下。

　　1）按照网络维护规程制定维护计划，这里的重点是确定线路检查的周期。虽然线路检查不是一天一次，但是如果超过1周不进行检查也是不明智的。

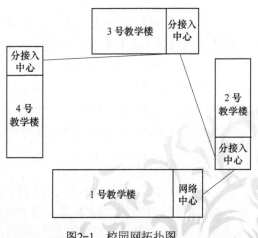

图2-1　校园网拓扑图

2）根据网络拓扑图确定维护路线和维护具体点。这里引入现实的案例，所维护的网络是一所职业学校的校园网，网络拓扑如图2-1所示。整体校园有4栋独体建筑物，均被网络覆盖。整体网络的网络中心在1号楼，其他楼中都有分接入中心。整体校园网由光纤进行总线型连接。根据拓扑图制定维护路线和具体维护点，维护路线为从1号楼顺次到4号楼。具体维护点先是4栋建筑物的接入中心和网络中心，因为每栋建筑物的每个楼层都存在楼层交换机，所以每个楼层的交换机也是具体的维护地点。具体的楼内维护路线是先维护接入中心后维护楼层交换机。

3）检测维护日志和维护工具。在维护的过程中记录情况是非常必要的，如果发现问题，则还需要具体的维护工具来进行测试甚至是故障排除。需要携带的维护日志表格有如下几种，这里简单做了一个填写的举例，见表2-1～表2-3。具体的维护工具因为涉及项目较多，故在后续章节专门讲解。

表2-1　双绞线端接检查表

日期：　　　年　　月　　日

交换机位置		网管中心		交换机编号		Wg－2		端口数	24
端口号	使用情况	对应线号	水晶头完整性	异常参数	线路外观	端口整体外观	处理意见	测试时间	备注
1	使用	01	完整	无	良好	良好	无	略	略
操作说明					操作时间				
12	使用	12	背面线卡断裂	无	良好	良好	更换水晶头		
操作说明	更换水晶头，重新作线				操作时间				

表2-2　干线线路检查表

日期：　　　年　　月　　日

线路类型	线路说明	线槽状况	特殊要求检查	维护意见	检察日期
双绞线	水平布线	良好	参数测试达到要求	无	
光纤	楼宇干线	钢丝良好	参数测试达到要求	无	

表2-3　RJ-45模块端接检查表

日期：　　　年　　月　　日

模块说明	模块标记	对应端口	模块外观	跳线测试	处理意见	检查日期

4）在具体按照维护路线进行维护工作时，需要3种维护方法。一是对比法：对照着原始端口表检测双绞线的连接情况，不要出现断接、错接。二是观察法：观察线路的老化情况，观察水晶头的完好情况，观察网络设备指示灯的显示情况等。通过观察法来确定网络连接是否正常、线路老化是否在正常的范围内等。三是测试法：通过携带的测试软件和硬件设备进行测试，这里需要说明的一点是，测试软件往往只能进行点到点的测试，针对所有接口的测试无法实现，所以并不建议每次线路维护都进行软件测试。至于硬件测试，相比软件测试来说方便易行，但是硬件测试设备价格不菲，一般的网络维护工作很难配备这些测试设备，将测试法放在最后的位置也是此原因造成的。

5）按照维护线路将所有需要进行维护的具体地点都维护好后，如果未发现网络故障和故障隐患，就需要填写、整理本次线路维护的维护日志并进行存档。如果发现网络故障或故障隐患，则需要进行故障排除，这是本书学习单元3要讲述的内容，这里暂不讲述。

经验之谈

虽然网络设备的指示灯都很类似，但是不同设备，如交换机、路由器、防火墙或不同厂家的设备，如华为的，思科的，甚至是不同级别的设备，如两层交换机、3层交换机的指示灯显示还是存在差异的。这些差异表现在指示灯的内容方面，还有显示的颜色代表的状态方面等。所以作为维护人员还是要针对具体设备进行具体判定，不要犯经验主义的错误。

必备知识

双绞线是布线工程中最常用的一种传输介质，如图2-2所示。双绞线由两根具有绝缘保护层的铜导线组成。把两根绝缘的铜导线按一定密度互相绞在一起，可降低信号干扰的程度，每一根导线在传输中辐射的电波会被另一根线上发出的电波抵消。一般双绞线由两根22～26号的绝缘铜导线相互缠绕而成。如果把一对或多对双绞线放在一个绝缘套管中便成了双绞线电缆。在双绞线电缆内，不同线对具有不同的扭绞长度，一般扭绞长度的范围是14～38.1cm，标准双绞线中的线对均按逆时针方向扭绞，相邻线对的扭绞长度在12.7cm以上。与其他传输介质相比，双绞线在传输距离、信道宽度和数据传输速度等方面均受到一定限制，但价格较为低廉。目前，双绞线可分为非屏蔽双绞线（UTP）和屏蔽双绞线（STP）两种，接触比较多的是UTP线。

图2-2　双绞线

"类"的含义是指某一类布线产品所能支持的布线等级。按标准规定，三类布线产品支持C级及C级以下布线系统的应用，五类布线产品和超5类布线产品支持D级及D级以下布线系统的应用。如今市场上五类布线和超五类布线应用非常广泛，国际标准规定的五类双绞线的频率带宽是100MHz，在这样的带宽上可以实现100MB的快速以太网和155MB的ATM传输。目前，EIA/TIA为双绞线电缆定义了多种不同质量的型号。计算机网络综合布线使用第三、第四、第五、超五类、第六、超六类、第七类，简单介绍如下。

1）第三类：指在ANSI和EIA/TIA568标准中指定的电缆。该电缆的传输频率为16MHz，用于语音传输及最高传输速率为10Mbit/s的数据传输，主要用于10base-T。

2）第四类：该类电缆的传输频率为20MHz，用于语音传输和最高传输速率16Mbit/s的数据传输，主要用于基于令牌的局域网和10base-T/100base-T。

3）第五类：该类电缆增加了绕线密度，外套一种高质量的绝缘材料，传输频率为100MHz，用于语音传输和最高传输速率为100Mbit/s的数据传输，主要用于100base-T和10base-T网络，是现在最常用的以太网电缆之一。

4）超五类：该类线缆是ANSI/EIA/TIA-568B.1和ISO 五类/D级标准中用于运行快速以太网的非屏蔽双绞线电缆，传输频率也为100 MHz，传输速度也可达到100 Mbit/s。与五类线缆相比，超五类在近端串扰、串扰总和、衰减和信噪比4个主要指标上都有较大的改进。与普通的五类UTP比较，其衰减更小、串扰更少，同时具有更高的衰减与串扰的比值（ACR）

网络维护与故障解决

和信噪比（SRL）、更小的时延误差，性能得到了提高。从电缆工艺上说，五类和超五类的主要区别：五类的橘色绿色线对绞合紧，可通100MB，蓝色棕色线对绞合松一些。而超五线的4个线对绞合都紧，而且比五类还紧。这样五类和超五类原则上都是100MB，而实际上超五线性能远超过五类。

5）六类线：此类线缆是ANSI/EIA/TIA-568B.2和ISO 6类/E级标准中规定的一种非屏蔽双绞线电缆，它也主要应用于百兆快速以太网和千兆以太网中。因为它的传输频率可达200～250 MHz，是超五类线带宽的两倍，最大速度可达到1000 Mbit/s，能满足千兆位以太网的需求。

6）超六类：超六类线是六类线的改进版，同样是ANSI/EIA/TIA-568B.2和ISO 6类/E级标准中规定的一种非屏蔽双绞线电缆，主要应用于千兆位网络中。在传输频率方面与六类线一样，也是200～250 MHz，最大传输速度也可达到1000 Mbit/s，只是在串扰、衰减和信噪比等方面有较大改善。

7）七类线：此类线缆是ISO 7类/F级标准中最新的一种双绞线，它主要为了适应万兆位以太网技术的应用和发展。但它不再是一种非屏蔽双绞线，而是一种屏蔽双绞线，所以它的传输频率至少可达500 MHz，是六类线和超六类线的两倍以上，传输速率可达10 Gbit/s。

五类和超五类的双绞线已经在布线中使用了许多年。从2007年开始，我国重新制定了布线的国家标准，这个标准主要是为了适应六类和七类线在布线中的使用规范。从这点可以看出六类和七类线在布线系统中的使用将大大增加。

在技术方面，新出台的六类布线标准给人印象最深的是带宽由五类、超五类的100MHz提高到250MHz，带宽资源一下提高到原来的2.5倍，为将来的高速数据传输预留了广阔的带宽资源。同时，新标准保证了系统的向下兼容性和相互兼容性，即不仅能够包容以往的三、五类布线系统，而且保证了不同厂家产品之间的混合使用。六类线的布线性能指标也有了较大程度的提高，对衰减、近端串扰、综合近端串扰、远端串扰、综合等效远端串扰、回波损耗等指标提出了更高的要求，因而在布线系统性能上已大大优于超五类布线系统。

与五类、超五类和六类相比，七类具有更高的传输带宽，至少为600MHz。不仅如此，七类布线系统与以前的布线系统不同，采用的不再是廉价的非屏蔽双绞线，而是双屏蔽双绞线，如图2-3所示。在网络接口上也有较大变化，开始制定七类标准时，共有8种接口被提出，其中两种为"RJ"形式，6种为"非RJ"形式。在1999年1月，ISO技术委员会决定选择一种"RJ"和一种"非RJ"型的接口做进一步研究。在2001年8月的ISO工作组会议上，ISO组织再次确认七类标准分为"RJ型"接口及"非RJ型"接口两种模式。其中，"RJ型"接口的可行性研究正在被相关国际组织审查和研究中。2002年7月30日，西蒙公司开发的TERA七类连接件被正式选为"非RJ"型七类标准工业接口的标准模式，如图2-4所示。TERA连接件的传输带宽高达1.2GHz，超过目前正在制订中600MHz 的七类标准传输带宽，可同时支持语音、高速网络、CATV等视频应用。

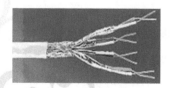

图2-3　双屏蔽双绞线

图2-4　非RJ型接头

在施工安装阶段对双绞线的维护重点在于，避免由于施工过程的不当处置导致线路过早老化或由于施工不当导致线路损坏。具体需要注意以下几项。

1）选择质量过关的水晶头：选择水晶头时，中档品牌就可以，但切记不能选择低档的劣质货。劣质水晶头长时间使用后，里面的金属卡片和网线容易接触不良，造成网络传输质量变差。

2）对线路两端都加上线标：网络布线时，把每条双绞线都加上线标，并且双绞线的两端要做相同的标号。为方便日后维护，双绞线每隔一定的距离最好也做上编号，特别是对于距离较长的双绞线。

3）穿钢管时钢管两端要加护套，所有电缆经过的管槽连接处都要处理光滑，不能有任何毛刺，以免损伤电缆。拽线时每根线拉力应不超过108N，多根线拉力最大不超过390N，以免拉伸电缆导体。

4）整个工程中电缆的贮存、穿线放线都要耐心细致，避免电缆受到任何挤压、碾、砸、钳、割或过力拉伸。布线时既要满足所需的余长，又要尽量节省，避免任何不必要的浪费。布线期间，电缆拉出电缆箱后尚未布放到位时如果要暂停施工，则应将电缆仔细缠绕收起，妥善保管，不得随意散置在施工现场。

5）注意双绞线布线系统的防雷和接地，从雷电防护的角度来分有直击雷防护、感应雷防护（内部又分电源防护和信号防护）和地网（联合接地和消除地面回路）。在综合布线系统的设计中，应加上单对过流过压复位保护器，对系统线路进行保护。接地分电源接地和系统信号接地。

随着传输速率的上升，安装施工的正确与否对系统性能的影响也越来越大。不合理的管线设计、不规范的安装步骤、不到位的管理体制，都会对布线的测试结果（包括物理性能和电气性能）产生影响，而且有些会成为难以修复的故障，甚至只能重新敷设一条链路来更替。在六类、七类布线系统中这个问题尤为突出，常有已具几年施工经验的工程商在初次安装六类铜缆系统时，会惊讶地发现工程的验收竟如此不容易通过。有时由于测试不合格，需要整改的比例会高达百分之几十，而不是安装超五类铜缆系统时的百分之几。所以在施工阶段针对标准的执行是非常重要的。

任务2　光纤的日常维护

 任务分析

光纤是连接主干网的传输介质，一般情况下并不直连计算机。光纤有室内和室外两种铺设方式，所以针对光纤的维护就存在室外维护的工作内容，这一点是和双绞线维护存在差异的。而且根据光纤的一些特性，在具体的维护工作中技术人员还要根据这些特性进行相应的维护工作。

虽然在任务分析中提到光纤线路的维护和双绞线线路的维护有所区别,但是具体的维护过程是一样的,只是在具体工作实施时有所差异。下面分步骤完成此次维护任务。

1)按照维护规程确定光纤线路的维护周期。这里需要说明的一点是,光纤线路的维护周期要长于双绞线的维护周期,尤其是针对室外光纤的维护不要过于频繁,因为室外光纤的维护难度比较大,不适合频繁维护,而且室外光纤存在一定程度的保护层,所以出现故障的几率很小。

2)根据网络拓扑图确定维护路线和维护具体点。维护的校园网络中基本不存在室内光纤连接部分,连接4栋建筑物的都是光纤。室内的光设备只有光纤接口环节。光纤接口环节分为两种:一种是光纤直连交换机,这要求交换机必须有光纤接口,光纤接口如图2-5所示;另一种方式是通过光纤收发器进行光电转换。光纤收发器是将光纤的光信号转换为双绞线的电信号,然后通过双绞线和交换机进行连接,设备如图2-6所示。所有的光纤接口环节都在分接入中心和网络中心,所以本次维护路线和具体维护地点与双绞线维护完全相同。

图2-5 网络设备光纤接口

图2-6 光纤收发器

3)检测维护日志和维护工具。针对光纤维护的工具和针对双绞线的工具很类似,因为光纤的一些特性,不建议在网络不存在任何故障的时期对光纤进行测试,所以这里不使用光纤测试工具。本例需要填写的维护日志表格见表2-4～表2-6。

表2-4 光纤端接检查表

日期: 年 月 日

交换机/路由器位置				交换机/路由器编号			端口数			
端口号	使用情况	跳线号	光纤收发器情况	异常参数	线路外观	端口外观	处理意见	测试时间	光纤配线箱情况	备注
操作说明					操作时间					

表2-5 干线线路检查表

日期: 年 月 日

线路类型	线路说明	线槽状况	特殊要求检查	维护意见	检察日期
双绞线	水平布线	良好	参数测试达到要求	无	
光纤	楼宇干线	钢丝良好	参数测试达到要求	无	

表2-6　线路辅助检查表

日期：　　年　月　日

接 地 情 况	防 雷 情 况	其 他 情 况	线 路 存 储	接 头 存 储	光跳线存储	工 具 情 况	检 察 日 期

室外光纤因为存在内部金属保护层，所以需要安装防雷和接地的装置，光纤防雷器如图2-7所示。除此之外，室外光纤还要防止腐蚀、防止鼠害，在南方还要防止白蚁的侵蚀等。这些都需要维护人员在进行线路维护时注意。

图2-7　光纤防雷器

4）在具体的维护过程中，针对室外光纤要检查固定光纤的钢丝是否牢靠、室外线路是否存在各种问题，包括光纤所承受的拉力、光纤外表皮是否存在损伤、防雷设施是否正常、光纤的告警设施是否明显等。在特殊天气时，如大风、大雨，暴雪等后，光纤是否存在自身问题。这些工作都是在进行光纤室外线路维护中应该注意的。在室内接口部分要检查光纤收发器是否正常，盘纤盒是否牢靠等。不建议将光纤跳线拔出进行检测，因为光纤需要很洁净的环境，进行线路维护时手部难以达到这个标准。如果处在一年四季温差很大的自然环境，则针对室内室外光纤都要进行温度变化后的检查维护工作，防止由于温度导致的光纤自身问题的出现。

必备知识

1. 光纤的特性

光纤与上一节介绍的电缆完全不同，它不再使用电子信号来传输数据，而是使用光脉冲来传输信号。正是这种特殊的材质，使它拥有电缆无法比拟的优点，具体如下。

1）频带极宽：拥有极宽的频带范围，以GB作为度量单位。

2）抗干扰性强：由于光纤中传输的是光束，光束不会受外界电磁干扰的影响。

3）保密性强：由于传输的是光束，所以本身不会向外幅射信号，有效地防止了窃听。

4）传输速度快：光纤是至今为止传输速度最快的传输介质，能轻松达到1000Mbit/s甚至更高。

5）传输距离长：它的衰减极小，在较大的范围内是一个常数，在许多情况下几乎可以忽略不计，在这方面比电缆优越很多。

光纤具有体积小、重量轻、通信容量大、中继距离长、抗干扰能力强、衰减系数小等优点，根据不同型号的光缆，可分为直埋、管道、架空等敷设方式，主要应用于长途通信系统及高速网络数据传输。但是光纤对连接的要求比较高，因为在实际的光缆线路中，光纤在自然环境中受到风、冰雪、热、水等各种环境因素及人为因素的影响会导致光缆及连接点性能劣化和断裂。因此，光缆接续技术、工艺、材料等均十分重要。在具体施工过程中要注意以下几个方面的问题。

光纤的施工标准如下。

● 接续时配线箱内，如图2-8所示的光纤应做永久性标记。

● 光缆的接续方法和工序应符合不同接续器件的工艺要求。

图2-8 光纤配线箱

● 光缆接续余留长度和配线箱内光纤的余留分别为：配线箱外光缆余留每端不少于6m，配线箱内光纤余留每端不少于0.6m。

● 每条光纤通道的平均接续损耗应达到标准规定的值（一般≤0.05dB，特殊要求除外）。

● 地埋光缆的接续坑应与该位置地埋光缆的埋深相同，坑地应铺10cm厚的细土，配线箱上方应加盖水泥板保护，然后回填。

● 光纤连接损耗的监测：光缆接续中，光纤接续损耗应在现场监测。

● 光纤余留长度的盘整：光纤连接后，经检测接续损耗达到要求并完成保护后，按配线箱结构所规定的方式进行光纤余长的盘绕处理。光纤在盘绕过程中，应注意曲率半径且放置整齐。

● 光缆接续完成后的处理：应按要求安装、放置配线箱，架空和入孔内的光缆配线箱及余缆应注意整齐、美观和有标志。

● 填写中继段施工记录和监测记录。施工完毕后填写竣工测试表，数据记录并存档。

2. 光缆的运行维护

（1）光缆线路的维护管理

为了有效地对光缆线路进行维护，对已经敷设好的光缆，根据光缆线路的路径图、接头位置、敷设前后各盘光缆的各个通道（或光纤芯序）的损耗数据、带宽、色散、背向散射扫描曲线等数据资料进行收集整理，以备进行检测、维护和整治时加以对照分析。这些资料应包括光缆出厂检测报告；光缆现场验收资料；光缆线路路径及光缆敷设位置资料；光缆施工及特殊路段处理资料；光纤光缆接续及连结盒安装、光缆余长安置情况的资料；线路光纤传输特性及光纤接续损耗测试资料；线路敷设施工竣工报告。

（2）光缆线路定期巡查和测试

对已敷设好的光缆线路，要做定期的巡回检查，主要内容：敷设环境是否存在破坏线路的异常变化；光缆线路路径标志是否破坏；光缆线路设备，如线杆、防护标志、光缆及连接盒等是否损坏。

另外，应该定期对敷设好的光缆中继段进行损耗测试，观察光缆的温度特性，判断其工作是否正常，并预告光缆线路今后的可靠性。测试工作的频次可根据季节变化和外界环境变化来规定，敷设好的第一年和外界环境温度变化大时可多测几次，一年以后逐渐减少。

（3）光缆的防雷

含有金属构件（如铜导线、金属铠装层等）的光缆应该考虑雷电的影响。雷电产生的电弧，会将位于电弧区内的光缆烧坏、结构变形、光纤断裂以及损坏光缆内的铜线。落雷地点产生的电位升高，会使光缆内的塑料外护套发生针孔击穿等，土壤中的潮气和水，将通过该针孔侵袭光缆的金属护套，从而产生腐蚀，光缆的寿命降低。入地的雷电电流，还会通过雷击针孔或光缆的接地，流过光缆的金属铠装层，导致光缆内铜线绝缘的击穿。通信光缆线路的防雷措施根据光缆的结构特点，宜采取不同的防雷措施。常见的防雷方式是使用光纤防雷器。

（4）光缆的防强电

当有金属的光缆线路与高电压电力线路等强电设施接近时，需考虑由电磁感应、地电位升高等因素对光缆内的铜线与金属构件所产生的危险和干扰影响。要做好光纤内金属部件的接地。

（5）光缆的防蚀、防鼠害、防白蚁

光缆的塑料外护层，对光缆金属护层或铠装层已具有良好的防蚀保护作用，可不考虑外加防蚀措施。但为防止光缆塑料护层的局部损伤，致使绝缘性能下降，形成进水的隐患，对光纤的外护层的保护也很重要。对鼠害多发的管道光缆地段，有效易行的方法是在入孔内将管道口堵塞，或采用子管敷设光缆，也可选用抗鼠害材料（如尼龙12）护层光缆。白蚁生长在我国南方温暖和潮湿的地方，适宜的生活温度为25℃～30℃。白蚁在寻找食物的过程中，会啃咬光缆的聚乙烯护套，并分泌蚁酸，从而加速对金属护层的腐蚀。白蚁的生活习性多在离地面1m附近的浅土层，因此选择光缆敷设路径时，应尽量避开枯树、居民区、木桥、坟场等可能繁殖白蚁的地点。

项目2
网络设备的维护

项目情景 ●●

网络传输线路维护完毕后需要进行网络核心设备的维护。保持网络的畅通，设备和线路是两个重要环节。在本项目中，小李将针对网络核心设备、网络接入中心和硬件服务器进行专项维护工作。

项目描述 ●●

本项目分为3个任务，分别是核心设备、接入中心、网络硬件服务器的维护工作。通过这3项任务的完成，作为技术人员要了解这些维护工作的具体流程以及针对这些维护环节的相应知识。

任务1　网络核心设备的维护

任务分析

网络核心设备的类别并不多，但是使用的数量不在少数。而且在网络接入中心和各分接入中心甚至是楼层都会存在网络设备，这样就增加了网络设备的维护工作量。本次任务的重点在于网络设备的日常维护。因为网络设备都需要电力驱动，所以完成本任务需要有一定的电气维护知识。

任务实施

网络核心设备一般分三大类，即路由类设备、交换类设备和网络安全类设备。路由设备包括主路由和分节点路由，交换设备包括三层和二层交换机，安全设备包括防火墙、上网行为管理等。这三大类设备结构很类似，工作原理也很相近，所以在这个任务中要针对这3类设备进行统一维护，不再进行单独的分类。

网络设备故障环境和地点有三大位置，网络主接入中心，现在也常被称为网管中心，还有就是单栋建筑物的分接入中心，最后是建筑物内的楼层。在网络接入中心这3类设备都会存在，在分接入中心和建筑物楼层中主要的设备就是交换类设备。

要完成本任务也要按照以下几个步骤进行。主体和线路维护的工作区别不大，有时可以将线路维护和设备维护合并为一项任务同时开展，但是本书为了明确知识点将其分开，并不代表这两类维护工作不能同时进行。

1）按照网络维护规程制订维护计划，这里的重点是确定线路检查的周期。建议按照线路维护的周期比对设备维护周期，这样可以减少维护的重复劳动量。

2）根据网络拓扑图确定维护路线和维护具体点。因为设备和线路必须进行连接，所以线路维护的路线和地点理论上与设备维护相同。

3）检测维护日志和维护工具。本次需要填写的维护日志见表2-7～表2-9。网络设备存在按照月和年进行统一维护的维护记录，这里只展示日常维护日志表格，月度、年度维护日志在附录中可查。

表2-7　网络设备维护日志

日期：　　　年　　月　　日

值班时间：　　时至　　时		交班人：	接班人：	
维 护 类 别	维 护 项 目	维 护 状 况	备　　注	维 护 人
设备运行环境	外部状况（供电系统、火警、烟尘、雷击等）	□正常　□不正常		
	温度（正常15～30℃）	□正常　□不正常		
	湿度（正常40%～65%）	□正常　□不正常		
	机房清洁度（好、差）	□好　　□差		
设备运行状态检查	主控板（MPU）指示灯状态	□正常　□不正常		
	网板（NET）指示灯状态	□正常　□不正常		
	时钟板（CLK）指示灯状态	□正常　□不正常		
	电路板（LSU）指示灯状态	□正常　□不正常		
	接口卡指示灯状态	□正常　□不正常		
	设备表面温度	□正常　□不正常		
	设备报警情况	□正常　□不正常		

值班时间：	时至 时		交班人：	接班人：	
维护类别	维护项目		维护状况	备注	维护人
设备运行软件检查	各接口状态检查		□正常 □不正常		
	配置命令检查		□正常 □不正常		
	路由表检查		□正常 □不正常		
	日志内容检查		□正常 □不正常		
故障情况及其处理					
遗留问题					
核查					

表2-8 日常设备运行状态维护操作指导

维 护 类 别	维 护 项 目	操 作 指 导	参 考 标 准
设备运行状态检查	主控板（MPU）指示灯状态	观察MPU面板指示灯	正常情况下，ALM灯常灭；RUN灯慢闪；主用MPU的ACT灯常亮，备用MPU的ACT灯常灭
	网板（NET）指示灯状态	观察NET板面板指示灯	RUN灯：正常快闪（0.5Hz）；ACT灯：主用亮，备用灭
	时钟板（CLK）指示灯状态	观察MET板面板指示灯	RUN灯：正常快闪（0.5Hz）；ACT灯：主用时亮，备用时灭
	电路处理板（LPU）指示灯状态	观察LPU板面板指示灯	LPU只有一个RUN指示灯，颜色为绿色。慢闪时（1s为周期）为正常状态，快闪（0.5s为周期）为报警状态
	接口卡指示灯状态	观察各接口卡指示灯状态	各种接口卡的灯和数量和颜色不同，具体参见随机手册
	设备表面温度	测试设备表面温度	用机房温度计查询设备附近最高温度，不应超过40℃

表2-9 日常设备运行软件维护操作指导

维 护 类 别	维 护 项 目	操 作 指 导	参 考 标 准
设备运行软件检查	各接口状态检查	执行display interface命令	各工作接口物理层报（UP），协议报（UP）
	配置命令检查	执行display current命令	所有配置命令正确无误，无冗余命令
	路由表检查	执行display ip rout命令	路由表中路由正确无误（下一跳地址及接口正确），无冗余路由
	日志内容检查	执行display logging buff命令	日志中是否有严重的报警及异常信息

4）因为网络设备都是电气设备，所以需要一定的电气维护知识，而且设备维护要比线路维护复杂，所以在必备知识中着重讲述设备维护的工作内容。

5）针对本次维护工作进行记录，整理维护日志。

必备知识

随着网络规模的扩大和网络功能的增加，网络设备在网络工程中使用的越来越多，相关的设备维护任务也就变得越来越重。设备的维护可以分为日常维护、功能维护、更换维护等几种。功能维护指针对网络设备在网络中的作用进行调试安装，并定期检查配置文件，如果相关功能有所改变，则还要进行相关配置文件的改变。更换维护指对网络设备进行更换或增加、减少端口时的维护。日常维护的主要工作是记录设备的工作情况、检查电气故障等日常琐碎的维护工作。针对网络设备，类似交换机、路由器、防火墙等具有一定智能的设备的功能维护和更换维护，作为维护人员应该都学习过且非常熟悉。但是这并不说明设备的日常维护就不重要。在网络运行期间最常见的设备维护工作还是日常维护，对设备的日常维护的质量好坏很大程度上决定着设备的故障率。学习网络设备时，重点是设备的调试和使用，这些能力是针对功能维护和更换维护的。设备的日常维护多是电气维护的工作，有时接触得不多，所以在日常维护中更需要细心和耐心。

做好网络设备的维护要从3个方面引起重视。①思想上的重视，首先要认识到设备不是安装调试好后就不用进行管理了，其次，不要抱有侥幸思想，简单地认为有些故障发生的几率很小，如雷击、静电等故障，并不能因为有些故障发生的几率小就不重视或不进行相关维护，这种思想是非常错误的；②制度的约束，设备维护不是简单的口头说明，也不是凭爱好就可以完成的工作，设备的维护是日常的、繁杂的，是需要耐心和细心的工作，所以要强调制度的作用，只有按照完善的维护制度进行维护工作才是持续的维护，当然相关的检查制度也是必须的；③技术的掌握，设备的维护技术以设备安装调试技术为主，但并不是全部，所以要求维护人员要不断地学习，不断地积累维护经验，不断地熟悉网络和相关的网络服务，争取做到了解网络、熟悉网络的薄弱的环节、知道容易出现故障的设备节点，网络出现故障时可以在最快的时间内找出故障点并进行故障的排除。做到这3点重视，设备的维护是完全可以做好的。

不同的网络设备很多相关的共性不是很明显，有的可以设置，有的不需要设置等，所以维护人员要从技术上掌握不同设备的功能维护和更换维护。但是从日常维护的角度来看，所有的网络设备都是电气设备，相关的电气维护是一样的，区别不大。本任务把在日常维护过程中网络设备需要进行的维护进行了总结，大体可以分为以下几类。

1. 工作环境的维护

保障一个适合设备工作的环境，包括设备要求的温度、湿度以及设备散热的要求，这些是设备容易出现的电气故障，这些指标要每天进行检查和记录。应定期对设备进行除尘，对设备的散热系统也要格外注意，经常出现的散热故障大多是风扇不转或转速不够，要对风扇进行清洗除尘以及润滑。不同天气还要注意不同的参数，雨天要防潮，风天要防静电等。保障了设备工作的环境可以减缓设备的老化。

2. 设备连接点的维护

现在网络内的设备越来越多，导致设备的连接线路越来越复杂，如图2-9所示。设备和线路的连接点容易出现两个问题：第一是由于线路连接过多导致分不清线路连接，另一个是由于长期连接导致接头处松动。第一种问题会给设备更换时带来不必要的麻烦，解决办法是进行线路的标记和记录，这样就可以分清线路的作用，常见的标记方法如图2-10所示。第二种问题容易导致线路忽连忽断，解决办法是定期检查，对由于拖曳引起的接头虚接要定期重新连接一次，这样就可以解决由于线路接口导致的网络忽连忽断的问题。

图2-9　复杂的连接点

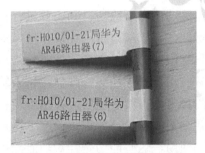

图2-10　设备连接线路标记方法

3．干扰的测试维护

设备一般是在设备间内，设备间一般要配备空调等相关电器。维护人员一定要留心这些电器对网络设备和线路产生的干扰。如果设备间存在干扰，那么会涉及整个网络的运行情况。所以需要使用仪器对干扰进行测试，然后可以求助弱电工程人员进行干扰的屏蔽。

4．设备或端口的备份

网络维护的目的前面已经讲过了，在维护网络和排除网络故障时最好不要进行断网操作。但是有些设备的损坏不是可以立刻进行修复的，这样便需要维护人员对关键设备或端口进行备份。如果出现短时间内不能排除的故障，则可以对设备进行调换，以保障网络的正常运行。除此之外，还应该对设备的配置文件进行备份，关键时刻不需要重新配置直接导入就可以使用。

5．雷击接地的维护

针对网络设备的防雷击和接地装置一定不要马虎。不管当地的天气状况如何，都要做好这方面的准备。虽然雷击不一定一次就击毁设备，但是雷击明显会加剧设备的老化。接地装置也是一样的，要合理地把静电带来的损失降到最低，这里维护人员还应该配备防静电护腕等装备，如图2-11所示，具体使用方法如图2-12所示。

图2-11　防静电护腕

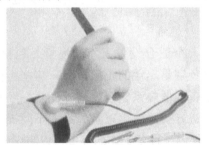

图2-12　防静电手腕的用法

6．电力保障维护

要保障企业核心设备的稳定，应该为企业核心设备配备性能优良且稳定的UPS电源系统。UPS电源可以有效解决电网存在的如：断电、雷击尖峰、浪涌、频率震荡、电压突变、电压波动、频率漂移、电压跌落、脉冲干扰等问题。关于UPS的问题现在机房基本都进行了配置，但是这里要说明的一个问题是，如果设备间里的设备很多且种类也很多，包括服务器、路由器、主干交换机等，则在设置UPS断电支持时一定要考虑设备断电的次序，要分清网络的主要功能和网络服务目的，然后再决定各类设备断电的先后次序。

7. 简单命令维护

设备调试的命令很多，不同厂商的设备调试命令也不尽相同，这就要求维护人员要熟悉各种调试命令。除此之外，还要非常熟悉简单的维护命令，类似查看当前配置、查看端口情况等。因为网络维护时要实时掌握设备的工作情况和状态，而且维护人员还要对设备的状态进行记录。所以，最好把这些命令进行总结，这样日常使用就很方便。

8. 维护记录

最后针对所有设备的日常维护事项就是按照制度进行维护记录。维护记录要详细，许多项目都需要进行记录。例如，机房情况、温度、湿度；设备运行状况、接口状况；相关设施、接地是否正常、命令检查结果、网络服务功能是否可以实现等。维护纪录还要包括相关项目的按月、季度、年的具体统计等。

以上是本节总结的针对各种设备的一些日常维护项目，但这只是一个总体的设计，到了具体的维护工作中还要考虑具体的网络环境和设备情况才可以最终决定设备维护的任务。本节在这里只是给出一个设备维护的规范，具体细节还要维护人员在维护过程中按照具体情况进行添加和修改。

任务2　网络中心和分接入中心的日常维护

任务分析

网络接入中心和分接入中心是整个网络和某些网段的核心，如果这些核心出现问题，那么整体网络势必难以正常运行，而且这些环境内部存在大量网络核心设备和核心连接线路，所以针对这些地点的环境维护也很重要。前面任务中实现的网络设备维护也是在这些环境内维护工作的一个环节。下面对各级网络接入中心的维护工作进行具体讲解。

任务实施

首先，由于各级接入中心内部的网络设备相对较多，网线繁多，如果发生故障了也不知道是哪条线连接哪条线，故障处理起来就费时费力了。所以，对于连接计算机与核心设备的网线要做好标记，以方便维护工作。

接下来，各级接入中心最重要的就是环境的建设。维护人员应该为核心设备提供一个符合厂商规定的工作环境，否则将影响核心设备的正常工作，甚至还有可能损坏核心设备。一般需注意的是，电源的电压、工作温度、存贮温度、工作的相对湿度、存贮的相对湿度等方面。尤其要注意防潮防发热，因为核心设备是由许多紧密的电子元件组成的，这些电子元件会因潮湿而引起电路短路，所以务必要放置在干燥的地方。特别是在多雨季节，更要注意保持企业核心设备工作环境的干爽。另外，由于企业核心设备在运行过程中设备的芯片会散发出大量的热，所以若不及时将其散发，则有可能导致芯片的热度超出指标范围，从而导致企业核心设备工作异常。因此，最好将核心设备放置在通风干爽的位置，千万不要用装饰布等盖住核心设备，也不要在核心设备周围堆放书籍和杂物等。设备的一般工作环境要求：环境温度范围是0～50℃，相对湿度为20%～90%。设备保存环境的环境温度范围是-20～65℃，相对湿度为10%～95%。

鉴于上述问题，在进行各级接入中心的维护时需要按照以下几个步骤进行。

1）主网络接入中心需要每天进行维护，查看相应的环境参数指标。而且一般情况下，网络维护人员的工作场地不会远离主接入中心，所以这项工作不会带来很大的工作量。对于分接入中心，可以在进行线路设备维护的同时进行维护，但若出现特殊天气，则要增加维护次数。

2）针对接入中心的现场维护除去线路和设备维护后就是检查接入中心的内外部环境的变化。这里尤其要注意周边环境是否有新增的电气设备，如变压器、空调室外机等。因为电磁干扰对网络设备的影响非常大，如果发现有新增设备，则一定要注意登记并检查网络设备线路的性能，确认是否存在电磁干扰。

经验之谈

数据在传输过程中，会受到多方面因素的影响。电磁干扰就是其中主要的一个方面。例如，音箱、无线电收发装置等设备若与企业核心设备靠得太近，则网络信号可能会受到外界辐射的影响，因此应尽量把企业核心设备放在一个独立的地方，远离会产生电磁干扰的设备。

3）现场环境检查完毕后，要检查设备的物理稳定性。尤其针对机柜内设备，应检查螺钉是否松动、设备自身是否存在晃动等。如果网络设备的连接部件松动，则容易造成设备硬件损坏，还容易导致线缆脱落或连接不稳定。这些工作都需要在维护工程中实现。

4）维护结束后及时填写维护日志和维护记录。因为针对各级接入中心的网络设备和连接线路的维护表格之前已经给出，所以本次主要是针对接入中心环境参数的记录，具体见表2-10。

表2-10　日常外部环境维护操作指导

维 护 类 别	维 护 项 目	操 作 指 导	参 考 标 准
外部环境检查	机房电源（直流/交流）	查看电源监控系统或测试电源的输出电压	电压输出正常，电源无异常报警
	机房清洁度		
	机房温度	测试温度	温度范围：0～40℃；建议为15～30℃
	机房湿度	测试相对湿度	相对湿度：10%～90%；建议为40%～65%

必备知识

网管中心的设备间和放置多个网络设备的机柜内部的维护也非常重要。总体来说，设备间和机柜的环境就是网络设备工作的环境，网络设备的正常运行对这些环境的维护也有一定要求。下面简单介绍网络设备工作环境的维护要点。

1．电力控制

网络设备应用最基本的要点就是要实现运行的稳定性与持续性，而要保持硬件系统的

网络维护与故障解决

运行稳定，电力稳定是基础。这样，在布置机房内部的电力系统时，除了服务器机房市电的足够供应外，还要配备能够应付突发停电事故的电力。

2．温度控制

网络设备也是通过CPU来工作的。CPU的平均温度都在 60℃以上，设备箱体内部温度也都在40℃以上，而等到了并发处理繁忙的时候，上面两个标度都可能上升10～20℃，这与说明书上的理论说明相差较大。如果网络设备在繁忙的情况下持续运行一个小时，则设备温度会有很大的变化。所以，当构建服务器运行环境时，一定不可以忘记的就是要进行温度控制。如果是一个放置了大量网络设备的机房，则一定要设置好1～2部可以保障日常温度控制所需的空调设备，另外准备1～2部同规格的备用；如果是一个放置了接近10台套核心网络设备的空间，则至少要准备总体马力3匹以上的立式或室外壁式空调（不要使用室内壁式，以免因空调漏水产生严重后果），机房整体温度控制在15～23℃为宜。此外，如果是大型机房，则最好配备温度感应器以进行监测。

3．湿度控制

网络设备周边环境的湿度控制也是非常重要的。如果网络设备在一个比较干燥的环境里运行，当在周围，特别是金属器械周围进行接触和摩擦时，很容易产生静电。静电对于网络设备的影响相信大家都比较清楚了，万一不慎，很容易造成电流击穿电容或CPU等重要部件，引起的后果不仅是系统的崩溃，对于操作人员的人身安全也有极大的威胁。我国的地理条件是南潮北干。在北方的机房，应该尽量在机房内放置一个加湿器；在南方，特别是在一楼的机房，除在大型机房在地板下铺设防潮材料外，最好还要放置一些石灰沙包等吸水的基础设施，防止机房过于潮湿。南北方机房内的湿度都应控制在45%～55%之间。此外，在下雨天，小型机房的窗子最好不要开启，避免雨水进入屋内，防止引起机房电力设施的触电危险。

4．火险控制

可能很多人觉得火险控制是个无关紧要的事情，因为机房里很多设施都是绝缘材料做成的。但实际上，曾经发生的机房失火事故也不少。首先，插线板一定要选择正规、安全可靠的，饮水机旁边最好不要放置测试用的插线板，机房内必须禁止烟火。当然，人为因素解决后，还要应付突发的、不可知的环境因素，没有安装烟感器的楼宇最好自行准备一个独立的报警装置。

5．雷击避免

电子设备对于雷电的感应是很灵敏的，稍不注意，可能就会发生危险。很多楼房对于防雷设施都没有太多注意，机房如果在没有放置避雷针的楼里，则最好为网络设备做好单独的防雷保护。

6．防尘

灰尘可以说是机房的劲敌，如果不注意在遍布网络设备的机房内做好除尘措施，则以24×7的工作方式，再好的服务器或网络设备都会出问题。由于目前的网络设备和服务器在运行的过程中均会产生很多的热量，所以为了将这些热量散发出去，通常会采用主动散热的方式排出热量。然而由于机房的空间狭小，这些设备又通常采用风冷方式进行散热，散热孔与对流的空气配合，会将灰尘带入设备内部。除此之外，某些设备在工作时会产生高压与静电，都会吸引空气的灰尘。灰尘会夹带水分和腐蚀物质一起进入设备内部，覆盖在电子元件上，会造成电子元件散热能力下降，长期积聚大量热量会导致设备工作的不稳定。

7. 避光

直射的阳光会导致网络设备温度的升高，这对于网络设备系统的稳定性来说是非常不利的。另外，直射的阳光对于机房内的显示器是很有攻击性的。由于阳光的直射，显示器的寿命很容易减半甚至更严重。所以在进行网管中心位置的选定时要考虑尽量减少阳光直射的可能性。

8. 压力控制

每部网络设备对于压力的承受都有一定的限制，即使是全金属机身，也存在一个承压最高值。一般的网络设备机箱，以1U机架式机箱为例，一部1U实际能够承受的压力大致是同规格重量（即1U规格）的5～7个左右；一些强度比较好的机架托盘，对于网络设备的承压基本也在6～8部1U网络设备之间。所以在设置机柜摆放的规格时，一定要做好预算，不要在单个隔层放置太多的网络设备。

9. 空间控制

网络设备的空间控制主要是为了便于规划、管理，以及更好地散热。网络设备的杂乱摆放或网线的随处陈列，会对维护人员从感官上产生厌烦感，而且一旦网络设备出现问题，处理起来也很困难。所以合理地对空间进行规划对维护工作的帮助将不仅是在技术层面上。

任务3 网络服务器的维护

任务分析

要针对服务器进行维护首先要了解具体的维护项目。充分了解了维护项目之后再掌握具体的维护方式方法。

任务实施

服务器作为网络的节点，是搭载各种操作系统、数据库、中间件、应用系统运行的硬件平台，存储并处理80％以上的数据和信息，因此也被称为信息系统的骨架。所以针对服务器的维护是全方位的，而且是细致的，不能出差错。针对服务器的维护包括以下几个方面。

1. 服务器工作环境维护

服务器所处的位置应该是网络主接入中心。在上一节中已经讲述了接入中心的环境要求。在服务器的日常环境维护中主要需要注意以下几点：服务器机房内必须保持整洁，不得放置无关的设备和物品；每日检查服务器机房的温度和湿度；服务器机房不能放置食品和水，也不得在服务器机房内就餐；一般情况下，无关人员不得进入服务器机房。

2. 服务器的硬件维护内容

1）服务器硬件检查：服务器是网络的核心设备，而且理论上没有特殊情况不进行关机操作。这样服务器就会产生很多的热量，再加上其自身工作量很大，这就要求维护人员每天要对服务器的电源状态和风扇状态进行检查，以确保这些部件能正常工作。

2）存储设备的扩充：当资源不断扩展时，服务器就需要更多的内存和硬盘容量来储存这些资源。所以，内存和硬盘的扩充是很常见的。增加内存前需要认定与服务器原有的内存的兼容性，最好是同一品牌的规格的内存。在增加硬盘前，需要认定服务器是否有空余的硬盘支架、硬盘接口和电源接口，还要考虑主板是否支持这种容量的硬盘，以免买来了设备却无法使用。

3）设备的卸载和更换：卸载和更换设备时的问题不大，需要注意的是有许多品牌的服务器机箱的设计比较特殊，需要特殊的工具或机关才能打开，在卸机箱盖时，需要仔细阅读说明书，不要强行拆卸。另外，必须在完全断电、服务器接地良好的情况下进行，即使是支持热插拔的设备也是如此，以防静电对设备造成损坏。

4）除尘：尘土是服务器最大的杀手，因此需要定期给服务器除尘。对于服务器来说，灰尘可能是致命的。除尘方法与普通PC除尘方法相同，尤其要注意的是电源的除尘。

5）服务器的定时重启：每台服务器保证每周重新启动一次。重新启动后要进行复查，确认服务器已经启动了，确认服务器上的各项服务均恢复正常。对于启动不成功或服务未能及时恢复的情况要采取相应措施。

3．服务器的软件维护

操作系统是服务器运行的软件基础，其重要性不言自明。现在多数服务器操作系统使用Windows 2003 Server作为操作系统，维护起来还是比较容易的。针对服务器软件的维护主要有以下几个方面。

1）网络服务的维护：网络服务有很多，如WWW服务、DNS服务、DHCP服务、SMTP服务、FTP服务等，随着服务器提供的服务越来越多，系统也容易混乱，此时可能需要重新设定各个服务的参数，使之正常运行。除此之外，删除暂时用不到的服务，如网络文件与打印服务、QoS、终端服务、终端授权服务、Site Server ILS服务、消息队列服务（MSMQ）、远程存储、证书服务等。为了保证该服务器的最大优化，除了安装解压缩、杀毒软件等必要的应用软件外，一般不安装其他非必要的软件，包括Office等，平时最好不设置壁纸、屏幕保护等。严禁安装游戏和聊天工具。

2）服务器的日志维护：每天每隔2~3h检查一次每台服务器的"事务日志"，发现有"严重错误"的，必须立即检查并排除故障；所有日志在得到"事务已经满"提示的情况下，必须立即进行备份，备份完毕后应立即清空。最好是将不同的日志分目录存储，例如，所有的日志文件统一保存在e:logs中，应用程序日志保存在e:logsapp中，系统程序日志保存在e:logssys中，安全日志保存在e:logssec中。对于另外其他一些应用程序的日志，也可按照这个方式进行处理，如ftp的日志保存在e:logsftp中。所有的备份日志文件都以备份的日期命名，如20140824.evt。对于不是单文件形式的日志，在对应的记录位置下建立一个以日期命名的文件夹，并将这些文件存放在该文件夹中。

3）磁盘检查维护：每天检查每个服务器的磁盘情况，如果发现磁盘的使用容量超过70%，则应及时删除不必要的文件，腾出磁盘空间，必要时申购新的磁盘。另外，应该每隔10天做一次磁盘碎片整理。

4）杀毒软件和操作系统补丁的更新与维护：设定每天在晚上22:00让服务器自动杀毒，设置杀毒软件为自动更新。在得知有新病毒流行时应立即确认杀毒源库是否为最新，如果不是，则应立即上网下载，同时应立即上微软网站下载最新的补丁程序。作为维护人员应该每隔7天上微软网站查看是否有最新的更新通知。

5）服务器的数据备份：每台服务器至少保证每月备份一次系统数据，系统备份采用

ghost方式，对于ghost文件固定存放在e:ghost文件目录下，文件名以备份的日期命名，如0824.gho。每服务器至少保证每两周备份一次应用程序数据，每台服务器至少保证每月备份一次用户数据，备份的数据固定存放在e:databak文件夹。针对各种数据再建立对应的子文件夹，如Serv-u用户数据放在该文件夹下的servu文件夹下，IIS站点数据存放在该文件夹下的iis文件夹下。除了服务器自身的数据备份之外，还应该注意服务器上承载的数据库数据的备份和用户数据的备份工作。

6）定期管理密码：每台服务器保证至少每两个月修改一次密码。对于SQL服务器，如果SQL采用混合验证方式，更改系统管理员密码会影响数据库的使用，这种情况不予修改。

7）服务器的日常监控：每天正常工作期间必须保证监视所有服务器的状态，一旦发现服务停止要及时采取相应措施。发现服务停止后，首先要检查该服务器上同类型的服务是否中断，如果所有同类型的服务都已中断，则及时登录服务器查看相关原因，并针对该原因尝试重新开启对应服务。

针对服务器的维护要单独建立维护日志和记录，这份维护记录应该包括以下内容：服务器操作系统类型和版本及补丁版本；服务器硬盘使用率；服务器运行业务的情况；服务器网络配置情况等。服务器的故障记录包括软件故障，硬件故障，各类服务故障，安全问题等。

必备知识

要进行网络维护故障，就要了解维护人员所需使用的常用维护工具。维护人员日常维护所需要的工具有很多，且在价格和性能方面差异都较大。例如，传输介质的维护工具中最常见的网线钳和测线仪，好的网线钳需要几百元钱，差一点的只需要十几元钱，常见的测线仪大约30多元，精确的测线仪，类似福禄克公司的测线设备要上万元。当然，测试的效果和获得的参数也有很大的差异。所以维护人员要根据网络的规模和公司的投入来建立维护工具箱。必要的工具不能缺少，但是一味地求大求全有时公司也难以满足。在这种情况下只能通过维护人员的尽心工作来尽量弥补维护工具的缺陷。总体来说，维护人员常用的工具可以分为以下几大类：硬件类维护工具、软件类维护工具、维护书籍和文档、设备和线路的备份。

1. 硬件维护类工具

（1）网线钳（见图2-13）

作为最常用的工具之一，网线钳最少准备两把、档次还要高一些的。做线头是常见的维护任务，有了一把顺手的网线钳绝对是事半功倍。之所以要两把钳子是因为网线钳最常见的问题是刀口崩坏和压线柱弯曲，准备一把作为备份是很必要的。

（2）打线钳（见图2-14）

打线也是常见的维护工作，打线钳的使用频率仅次于网线钳。最好准备一把有冲压能力的打线钳，使用起来方便省力。还有一种钥匙扣形状的打线钳，因其缺乏冲压能力，所以不建议使用。

图2-13　RJ-45网线钳　　　　　　　　　　　　　　图2-14　打线钳

（3）强光手电

因为机柜常常放置在背光的位置，而且机柜里面没有配置灯源，所以机柜内部的光线不是很好。准备一把小巧的强光手电是很必要的，一般的手电光束分散不集中，不宜使用。强光手电最好是可以调整光源方向的那种。

（4）空气罐（见图2-15）

尘土是电气设备的最大天敌，在维护过程中维护人员应该养成随时清尘的习惯，所以要准备一定数量的压缩空气罐，随身携带。

图2-15　空气罐

（5）各类型的钳子和螺钉旋具

钳子和螺钉旋具是维修机器和设备必须的工具，要求各类型的都要配置齐全，现在一般的维修工具包里都可以包括。

（6）防静电护腕

防静电护腕可以防止静电对机器设备的损害，需要维护的设备和机器放置的位置都是很干燥的，而且有些位置还要装备空调设备，所以很容易产生静电。因此维护人员要养成佩带防静电护腕的习惯，这样可以减少二次故障的发生。

（7）数字万用表

数字万用表虽然是常见的电工设备，但好像与网络维护工作离得很远。但是许多维护人员在维护工作中发现，数字万用电表有很大的实用价值。关键设备如果发生不供电或供电不足的情况，则此时万用电表是非常有用的。

（8）移动存储工具

USB接口的移动存储设备是在网络无法联通、不能连接服务器、不能在服务器上进行传输的情况下使用的。针对一些常用软件，移动存储工具还是很方便的一种存储设备。

（9）光盘盒

很简单的设备，但是很实用，如果用光盘包则很容易压坏光盘，所以建议使用硬材质的光盘盒以保护常用光盘。

（10）测线仪

常见的测线仪一般都是二级管发光测线仪，这种测线仪其实只能起到简单测通的作用，不具备获取线路参数的能力。所以不要过度依赖这种侧线设备，有时通过了这种测线仪的测试联通，但网络仍然无法通信的情况也是有的。建议在规模较大、干扰较强的网络环境中还是要配置一款高性能和功能齐全的测线设备。要实现网络维护工作的高回报，必要的投资是不能缺少的。

网络维护与故障解决

（11）对讲机（见图2-16）

在进行端到端的维护工作中经常使用到对讲机，方便维护人员了解另一端的具体情况，不用跑来跑去地检查情况。

（12）光纤故障定位仪（见图2-17）

常见的光纤定位仪小巧轻便，输出人眼可见的红色激光，可高效进入单模和多模光纤。用光纤连接器把红光引入光纤，可用作多芯光缆中芯线的对照；检查OTDR无法查到的光纤故障点（断点、开始或末尾的光纤特性）和因微弯引起的高损耗区段。例如，光纤跳线、尾纤、接线盒中的光纤芯线或裸光纤等。

图2-16　对讲机

图2-17　光纤故障定位仪

（13）贴纸

在标记配线端口和模块端口工作中经常使用贴纸，方便在维护过程中对线路的接口进行标记。

（14）笔记本式计算机

笔记本式计算机在维护设备工作是使用非常频繁的，而且在设备放置的地方以串口方式对设备进行配置比远程telnet配置安全。当然，不是所有单位都可以为维护人员配置笔记本式计算机的。

（15）记号笔

当没有贴纸或需要临时更改线路的时候，记号笔的作用还是非常明显的。

2．软件类维护工具

维护类软件常用的有测试类软件，如测试网速、测试协议、测试网络整体情况等；安全类的软件，如单机安全类、整体网络安全类、漏洞检查类、防止网络常见病毒攻击类等；还有网络发现管理类软件，负责发现网络性能和对网络进行管理；维护类软件，如单机维护类、网络优化类等。

3．维护书籍和文档

维护类的书籍和文档也要做一些准备。常见的有设备配置类的书籍，方便在遇到问题时进行查询。如果网络使用的设备不是常见设备，那么还需要对设备的配置文档进行保存。除此之外，还要准备一些故障速查手册，毕竟谁也不会熟悉所有类型的故障，准备一本故障速查手册可以方便在无法理清故障解决思路或无法判断故障原因的时候进行参考。作为维护人员还要预备一些必要的参数类书籍，类似线路测试参数、设备工作环境参数等，这些参数是在维护过程中判断网络是否运行正常的重要指标。

除了上述3类维护工具，还应该对线路设备进行一定数量的备份。网络维护和单机维护的区别就是，在网络维护的过程中不能让网络停止服务再去处理具体故障，应该在不干扰网络正常运行的情况下进行维护和故障处理。那么，如果遇到线路或设备的损坏应该如何处理呢？首先应该替换损坏的设备或线路，而不是检查具体故障原因。所以维护人员应该存储一定数量的线路和设备的备份以应急。当然，在设备方面可能完全一样的设备备份很难做到，有些单位认为这是资产的浪费。那么起码要准备一部分档次低一个级别的备份设备，否则，如果因为缺少替代线路或设备而引发网络瘫痪并由此带来的损失也是难以估计的。例如，可以准备一款工作组交换机作为主干交换机的备份，准备一台微型计算机作为服务器的备份等，进行差异备份。线路方面要备份的主要是光纤跳线和双绞线配线等，这些线路是很容易损坏的，所以要有一定数量的备份。

项目3
核心数据的维护

项目情景 ●●●

在熟悉了线路和设备以及设备工作环境的维护工作后，小李将进行数据的维护工作。网络数据对于任何一个网络来说都是核心资产，相比任何网络硬件都更重要。小李将在这个项目中从多个方面展开数据维护的具体工作。

项目描述 ●●●

本项目将从3个环节进行讲述。首先是搭建数据备份的环境，其次是使用数据备份软件进行数据备份，最后是在思想上增强针对数据容灾的认识深度。

任务1　数据备份环境的实现

任务分析

要进行数据维护最常见的操作就是关键数据的备份，完成数据备份需要搭建数据备份的环境。搭建数据备份环境首先需要确定网络的关键数据，其次是选择备份数据的方式，最后是选择备份数据的设备和设备工作的模式。这些工作都是数据维护所必须的，也是技术人员应该熟悉的。

任务实施

1. 确定网络关键数据

网络需要备份的数据分为两大类，第一类是网络承载业务的相关数据，第二类是网络运行的相关数据。业务数据包括各种数据，以常见的中小企业网为例，市场数据、客户数据、交易历史数据、财务管理数据、社会综合数据、生产研发数据等都是关键数据。作为维护人员不需要考虑这些数据的具体含义，只需要按照业务部门的要求进行存储备份即可。但是，网络运行的相关数据则是需要维护人员仔细考虑并进行存储备份的。这类数据大体包括各类原始资料、纸质资料的影印文件、设备配置文件、相关网络环节的设置策略、安全日志、各类驱动程序、日常的维护日志、网络正常运行时的各项参数、故障分析记录等。如果网络中存在各类服务器，如Web服务器和邮件服务器等，则需要对这些服务器使用到的数据进行存储备份，以便在服务器出现问题时尽快恢复。对第一类数据进行存储备份的目的是为网络承载业务的正常运转提供保障，第二类数据的存储备份则是为网络的正常运行提供保障。当然，网络承载业务性质的不同，网络形式也存在差异，所以需要备份的数据也会有区别。

2．确定数据备份方式

常见的备份方式有全备份、增量备份和差异备份3种。根据3种备份的区别，这里定义为对数据先进行一次全备份，作为网络数据的初始备份。如果网络服务器没有很大的变化则不再进行全备份。针对每天网络服务器数据的不断增加需要进行增量备份，此项工作需要每天进行，只有这样才能实现增加数据的可靠性。如果网络服务器存在某些功能项目的改变，则需要进行差异备份。这样才能保证修改后的网络服务器如果出现问题能及时得到修复。

3．选择数据备份设备

常见的数据备份设备有磁盘阵列、光盘塔和磁带机。因为一般情况下网络服务器在搭建时都会配备磁盘阵列，而且从各方面性能指标来看，磁盘阵列都适合中小网络的数据备份。所以这里也选择原有的磁盘阵列作为数据备份设备。

4．选择设备工作模式

常见的设备工作模式有DAS（Direct Attached Storage，直接连接存储）、NAS（Network Attached Storage，网络连接存储）、SAN（Storage Area Network、存储区域网络）3种。因为这里备份数据量有限，所以选择最简单DAS模式连接磁盘阵列。

讲过上述4个步骤就实现了数据备份的基础环境，有了相应环境即可按照设想进行数据的日常维护。

必备知识

要搭建网络关键数据的备份环境，就会涉及很多有关数据备份的知识，下面针对这些知识进行讲述。

1．3种常用的数据备份方式

（1）全备份（Full Backup）

所谓全备份，就是对整个服务器系统进行备份，包括服务器操作系统和应用程序生成的数据。这种备份方式的特点就是备份的数据最全面、最完整。当发生数据丢失的灾难时，只要用一盘磁带（即灾难发生前一天的备份磁带）就可以恢复全部的数据。

但它也有不足之处：首先，由于是对整个服务器系统进行备份，因此数据量非常大，占用备份的磁带设备也较多，备份时间较长。如果每天进行这种全备份，则在备份数据中会有大量内容是完全重复的，如操作系统与应用程序。这些重复的数据占用了大量的磁带空间，这对用户来说就意味着成本增加。这种备份方式通常只是在备份的最开始的一两天采用。

（2）增量备份（Incremental Backup）

增量备份指每次备份的数据只是相当于上一次备份后增加的和修改过的数据，注意是相对上一次备份而增加或修改过的数据。这种备份的优点很明显：没有重复的备份数据，节省了磁带空间，又缩短了备份时间。它的缺点是发生灾难时，恢复数据比较麻烦。举例来说，如果系统在星期四的早晨发生故障，那么现在就需要将系统恢复到星期三晚上的状态。这时，管理员需要找出星期一的完全备份磁带进行系统恢复，然后再找出星期二的磁带恢复星期二的数据，最后再找出星期三的磁带恢复星期三的数据。很明显，这比第一种策略要麻烦得多。另外，在这种备份下，各磁带间的关系就像链子一样，一环套一环，其中任何一盘磁带出了问题，都会导致整条链子脱节。这种备份方式适用于进行了完全备份后的后续备份。

（3）差异备份（Differential Backup）

差异备份就是每次备份的数据是相对于上一次全备份之后新增加的和修改过的数据，注意这是相对上一次全备份之后新增加或修改过的数据，而并不一定是相对上一次备份。管理员先在星期一进行一次系统完全备份；然后在接下来的几天里，再将当天所有与星期一不同的数据（增加的或修改的）备份到磁带上。差异备份无须每天都做系统完全备份，因此备份所需时间短，并节省了磁带空间，而且灾难恢复也很方便，系统管理员只需两盘磁带，即系统全备份的磁带与发生灾难前一天的备份磁带，就可以将系统完全恢复。这种备份方式也适用于进行了完全备份后的后续备份。

2．常见的数据备份设备

（1）磁盘阵列

磁盘阵列又叫RAID（Redundant Array of Inexpensive Disks，廉价磁盘冗余阵列），如图2-18所示，是目前市场上见得最多、用得最多的一种数据备份设备，同时也是一种数据备份技术。它是指将多个类型、容量、接口，甚至品牌一致的专用硬磁盘或普通硬磁盘连成一个阵列，使其能以某种快速、准确和安全的方式来读写磁盘数据，从而达到提高数据读取速度和安全性的一种手段。

图2-18　磁盘阵列

磁盘阵列读写方式的基本要求是，在尽可能提高磁盘数据读写速度的前提下，必须确保在一张或多张磁盘失效时，阵列能够有效地防止数据丢失。磁盘阵列的最大特点是数据存取速度特别快，其主要功能是可提高网络数据的可用性及存储容量，并将数据有选择地分布在多个磁盘上，从而提高系统的数据吞吐率。另外，磁盘阵列还能免除单块硬盘故障所带来的灾难后果，通过把多个较小容量的硬盘连在智能控制器上，可增加存储容量。磁盘阵列是一种高效、快速、易用的网络存储备份设备，这种磁盘阵列备份方式适用于大多数对数据传输性能要求不是很高的中小企业。

磁盘阵列有多种部署方式，也称RAID级别，不同的RAID级别，备份的方式也不同，目前主要有RAID0、RAID1、RAID3、RAID5等几种，也可以是几种独立方式的组合，如RAID10就是RAID0与RAID1的组合。磁盘阵列需要有磁盘阵列控制器，在有些服务器主板中就自带这个RAID控制器，且提供了相应的接口。而有些服务器主板上没有这种控制器，这样，当需要配置RAID时，必须外加一个RAID卡（阵列卡），并插入服务器的PCI插槽中，如图2-19所示。RAID控制器的磁盘接口通常是SCSI接口，不过目前也有一些RAID阵列卡提供了IDE接口，使IDE硬盘也支持RAID技术。同时，随着SATA接口技术的成熟，基于SATA接口的RAID阵列卡也是非常多的。

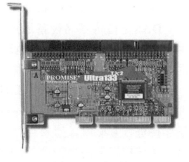

图2-19 阵列卡

（2）光盘塔

CD-ROM光盘塔（CD-ROM Tower）是由多个SCSI接口的CD-ROM驱动器串联而成的，光盘预先放置在CD-ROM驱动器中，受SCSI总线ID号的限制。当用户访问光盘塔时，可以直接访问CD-ROM驱动器中的光盘，因此光盘塔的访问速度较快。图2-20所示就是一款光盘塔。由于所采用的是一次性写入的CD-ROM光盘，所以不能对数据进行改写，光盘的利用率低，通常只适用于不需要经常改写数据的应用环境，如一次性备份和一些图书馆之类的企业。

（3）磁带机

磁带机是最常用的数据备份设备之一，如图2-21所示，可分为人工加载磁带机和自动加载磁带机两大类。人工加载磁带机在换磁带时需要人工干预，因为只能备份一盘磁带，所以只适用于备份数据量较小的中小型企业选用；自动加载磁带机则可在一盘磁带备份满后，自动卸载原有磁带，并加载新的空磁带，适用于备份数据量较大的大、中型企业选用。自动加载磁带机能够支持例行备份过程，自动为每日的备份工作装载新的磁带。

图2-20 光盘塔

图2-21 磁带机

3．数据存储模式

网络容灾的基础是数据备份，但是数据备份的基础是数据存储技术。下面简单介绍一下数据存储的核心技术——数据存储模式。

（1）DAS（Direct Attached Storage，直接连接存储）

DAS是指将存储设备通过SCSI接口或光纤通道直接连接到一台计算机上。DAS的适用环境有3种：①服务器在地理分布上很分散，通过SAN或NAS在它们之间进行互连非常困难（商店或银行的分支便是一个典型的例子）；②存储系统必须直接连接到应用服务器上；③包括许多数据库应用和应用服务器在内的应用，它们需要直接连接到存储器上，组件应用和一些邮件服务也包括在内。综上所述，当服务器在地理上比较分散，很难通过远程连接进行互联时，直接连接存储是比较好的解决方案，甚至可能是唯一的解决方案。利用直接连接存储的另一个原因也可能是企业决定继续保留已有的传输速率并不很高的网络系统。

（2）NAS（Network Attached Storage，网络连接存储）

NAS方式即将存储设备通过标准的网络拓扑结构（如以太网）连接到一群计算机上。NAS是部件级的存储方法，它的重点在于帮助工作组和部门级机构解决迅速增加存储容量的需求。需要共享大型CAD文档的工程小组就是典型的例子。

NAS产品包括存储器件（如磁盘驱动器阵列、CD或DVD驱动器、磁带驱动器或可移动的存储介质）和集成在一起的简易服务器，可用于实现涉及文件存取及管理的所有功能。简易服务器经优化设计，可以完成一系列简化的功能，如文档存储及服务、电子邮件、互联网缓存等。集成在NAS设备中的简易服务器可以将有关存储的功能与应用服务器执行的其他功能分隔开。

NAS产品具有几个引人注意的优点。首先，NAS产品是真正的即插即用的产品。NAS设备一般支持多计算机平台，用户通过网络支持协议可进入相同的文档。其次，NAS设备的物理位置同样是灵活的。它们可放置在工作组内，靠近数据中心的应用服务器，或放在其他地点，通过物理链路与网络连接，无须应用服务器的干预，NAS设备允许用户在网络上存取数据，这样既可减小CPU的开销，也能显著改善网络的性能。

但是，NAS没有解决与文件服务器相关的一个关键性问题，即备份过程中的带宽消耗。与备份数据流从LAN中转移出去的存储区域网络（SAN）不同，NAS仍使用网络进行备份和恢复。NAS的一个缺点是它将存储事务由并行SCSI连接转移到了网络上。这就是说，LAN除了必须处理正常的最终用户传输流外，还必须处理包括备份操作的存储磁盘请求。

（3）SAN（Storage Area Network，存储区域网络）

SAN是通过光纤通道连接到一群计算机上。在该网络中提供了多主机连接，但并非通过标准的网络拓扑。SAN专注于企业级存储的特有问题。当前企业存储方案所遇到问题的两个根源是：数据与应用系统紧密结合所产生的结构性限制，以及目前小型计算机系统接口（SCSI）标准的限制。大多数分析都认为，SAN是未来企业级的存储方案，这是因为SAN便于集成，能改善数据可用性及网络性能，而且还可以减轻管理作业。

SAN解决方案的优点有以下几个方面：SAN提供了一种与现有LAN连接的简易方法，并且通过同一物理通道支持广泛使用的SCSI协议和IP。SAN不受现今主流的、基于SCSI存储结构的布局限制。特别重要的是，随着存储容量的爆炸性增长，SAN允许企业独立地增加它们的存储容量，SAN的结构允许任何服务器连接到任何存储阵列，这样不管数据置放在哪里，服务器都可直接存取所需的数据。因为采用了光纤接口，SAN还具有更高的带宽。

因为SAN解决方案是从基本功能剥离出存储功能，所以运行备份操作就无须考虑它们对网络总体性能的影响。SAN方案也使得管理和集中控制实现简化，特别是对于全部存储设备都集群在一起的时候。还有一点，光纤接口提供了10km的连接长度，这使得实现物理上分离的、不在机房的存储变得非常容易。所以，SAN主要用于存储量大的工作环境，如ISP（Internet Service Provider，互联网服务提供商）和银行等。

任务2 数据备份软件的使用

任务分析

能实现数据备份的软件非常多，使用方法也不尽相同。但是，如果能使用服务器操作系统自带的数据备份功能实现数据备份那是再方便不过的了，Windows 2003 Sever系统自带的NTBackup备份工具就是这样一款软件。操作系统自带的软件在兼容性、适应性、安全性等方面都应该是最好的选择。

任务实施

1. 使用向导备份本地计算机上的所有信息

步骤1：打开Windows 2003 Server下的"备份"工具，单击"开始"按钮，执行"所有程序"→"附件"→"系统工具"命令，然后单击"备份"，会自动启动"备份或还原向导"对话框（注：如果默认情况下备份或还原向导没有启动，则可以单击"欢迎"选项卡中的"向导模式"来备份文件），如图2-22所示。

步骤2：单击"下一步"按钮，进入"备份或还原"界面，这里选中"备份文件和设置"单选按钮，如图2-23所示。

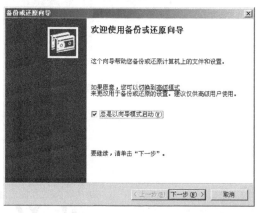

图2-22 "备份或还原向导"对话框的欢迎界面

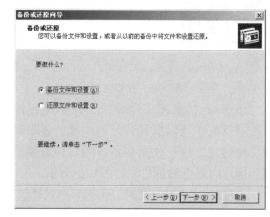

图2-23 备份文件设置

步骤3：单击"下一步"按钮，进入"要备份的内容"界面，选中"这台计算机上的所有信息"单选按钮，如图2-24所示。

步骤4：单击"下一步"按钮，进入"备份类型、目标和名称"界面，备份类型为系统默认类型，设置备份保存的位置为"E:\"，备份的名称为"xitongBackup"，系统会自动为备份的名称加上扩展名.bkf，如图2-25所示。

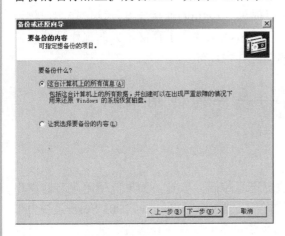

图2-24 备份内容选择

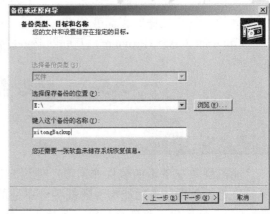

图2-25 选择备份目标

步骤5：单击"下一步"按钮，弹出备份设置信息界面，查看无误后，单击"完成"按钮，如图2-26所示。

步骤6：搜集备份的选项信息，如图2-27所示。

图2-26 设置完成

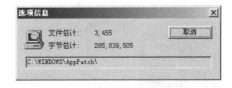

图2-27 信息搜集

步骤7：信息搜集完成后，开始进行备份，在"备份进度"对话框中可以看到备份的进度、备份时间以及正在备份的文件信息（注：如果要备份的文件或系统太大，则备份过程所用时间就会越长），如图2-28所示。

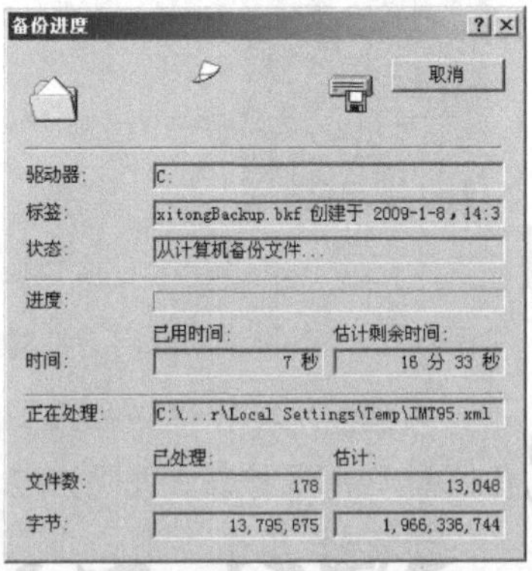

步骤8：备份将完成时，会提示插入软盘以保存恢复信息对话框，创建ASR（自动系统恢复）软盘。如果没有软驱或软盘，则单击"确定"按钮，取消创建恢复软盘，如图2-29所示。

步骤9：备份完成后，会弹出如图2-30所示的对话框，显示备份结果。

步骤10：单击图2-30中的"报告"按钮，可以查看备份结果，如图2-31所示，在数据备份中，报告很重要。

图2-28 备份进行中

网络维护与故障解决

图2-29 创建自动系统恢复软盘提示信息

图2-30 备份结果　　　　　　　　　　　　图2-31 备份结果报告

2. 使用高级模式进行数据备份

步骤1：在"备份或还原向导"对话框的欢迎界面中，单击"高级模式"链接（见图2-22），打开高级模式窗口，如图2-32所示。

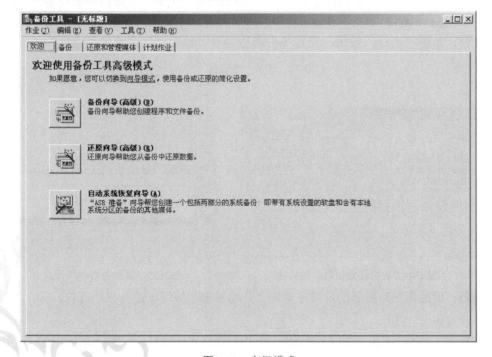

图2-32 高级模式

步骤2：这里可以使用"备份向导（高级）"选项进行备份，或单击"备份"选项卡，进行手动选择备份，本实验采用后面手动备份方法，单击"备份"选项卡，选择要备份的内容，如图2-33所示。

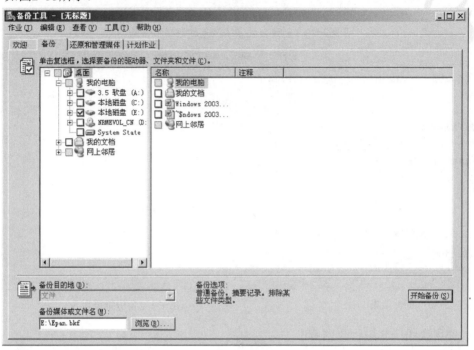

图2-33　高级备份之手动备份

步骤3：在图2-33的左侧选择E盘，在"备份媒体或文件名"文本框中填写备份文件保存的位置"E:\Epan.bkf"，单击"开始备份"，弹出如图2-34所示的"备份作业信息"对话框。

步骤4：单击"高级"按钮，设置备份类型为"每日"，然后单击"确定"按钮，如图2-35所示。

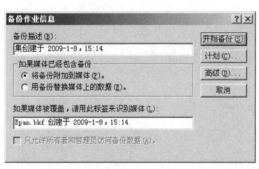

图2-34　"备份作业信息"对话框

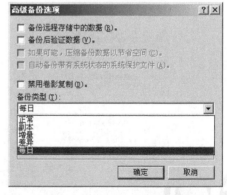

图2-35　高级备份选项设置

步骤5：返回图2-33所示的窗口，单击"开始备份"按钮，进行系统备份。

3. 设置备份计划

步骤1：在"备份工具"窗口（见图2-32）中，选择"计划作业"选项卡，如图2-36所示。

步骤2：单击"添加作业"按钮，进入计划备份向导，单击"下一步"按钮，如图2-37所示。

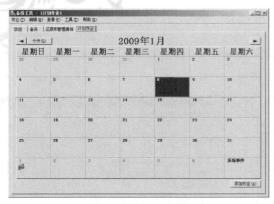

图2-36　选择计划作业时间

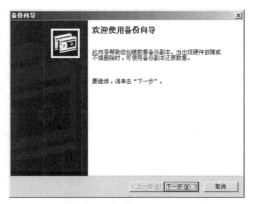

图2-37　计划备份向导

步骤3：选择要备份的内容，本实验选中"只备份系统状态数据"单选按钮，单击"下一步"按钮，如图2-38所示。

步骤4：使用默认的备份类型，将备份文件保存在"E:\"下，备份文件名称为"zhuangtai"，单击"下一步"按钮，如图2-39所示。

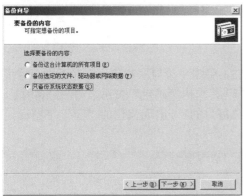

图2-38　选择要备份的内容

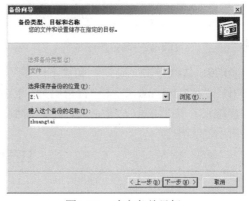

图2-39　确定备份目标

步骤5：进入"如何备份"界面，勾选"备份后验证数据"复选框，单击"下一步"按钮，如图2-40所示。

步骤6：在"备份选项"界面中选中"替换现有备份"单选按钮，单击"下一步"按钮，如图2-41所示。

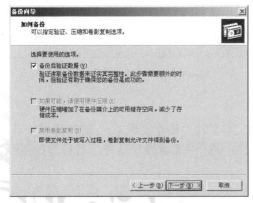

图2-40　"如何备份"界面

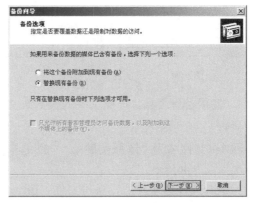

图2-41　"备份选项"界面

步骤7：在"备份时间"界面中设置备份时间为"以后"，作业名为"zhuangtai"，如图2-42所示。

步骤8：单击"设定备份计划"按钮，弹出"计划作业"对话框，设置计划任务开始时间为"每月的第一天的零点"，若想进行时间的高级设置，可单击"高级"按钮，如图2-43所示。

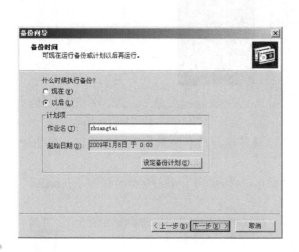

图2-42　确定作业名

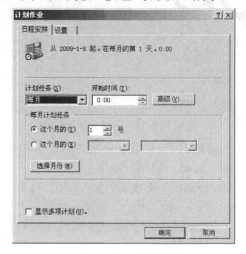

图2-43　确定计划作业

步骤9：依次单击"确定"和"下一步"按钮，弹出"设置账户信息"对话框，这里使用默认用户"Administrator"，设置密码为"123456"，单击"确定"按钮，如图2-44所示。

步骤10：计划任务设置完成，可以看到，在每月的1号出现蓝色的"正"字图标，如图2-45所示。

图2-44　账户设置

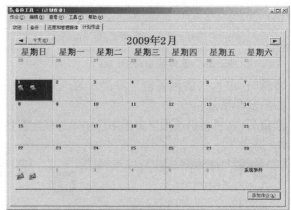

图2-45　显示备份设置

4．使用备份工具，还原丢失的数据或文件

步骤1：本实验任务是对"E盘"下丢失的文本文件"还原实验.txt"进行还原。首先在E盘下创建文件名为"还原实验.txt"的文本文件，然后将E盘进行备份，备份前E盘下的文件情况如图2-46所示。

步骤2：将E盘备份后，备份文件"Epan.bkf"，并且也保存在E盘，如图2-47所示。

步骤3：将E盘下的文本文件"还原实验.txt"永久删除，如图2-48所示。

网络维护与故障解决

步骤4：打开"备份工具"窗口，单击"还原和管理媒体"选项卡，通过备份文件的创建时间，找到并勾选刚才保存的备份文件，在"将文件还原到"下拉列表框中选择"原位置"选项，单击"开始还原"按钮，如图2-49所示。

图2-46　备份前的文件情况

图2-47　确定保持位置

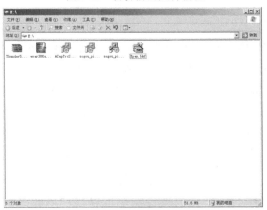

图2-48　删除后显示

图2-49　"还原和管理媒体"选项卡

步骤5：弹出"高级还原选项"对话框，使用默认值，单击"确定"按钮，如图2-50所示。

步骤6：弹出"还原进度"对话框，显示还原进度，如图2-51所示。

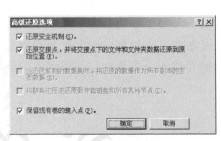

图2-50　"高级还原选项"对话框

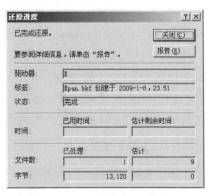

图2-51　"还原进度"对话框

步骤7：打开E盘，可以看到，刚刚删除的文本文件"还原实验.txt"被恢复到删除前的位置，如图2-52所示。

图2-52　恢复后显示

 必备知识

　　备份软件技术在整个数据存储备份过程中具有相当的重要性，因为它不仅关系到是否支持存储介质的各种先进功能，而且在很大程度上决定着备份的效率。一般认为，最好的备份软件就是操作系统所提供的备份功能，如Unix的tar/cpio、Windows的NTBackup、Netware的Sbackup等。这种认识也存在一定的缺陷，因为这些操作系统仅能提供一些基本的备份功能，缺乏专业备份软件的高速度与高性能。目前，比较流行的专业备份软件有CA的ARCServer 2000、VERITAS的BackupExce以及Legato的Networker等。一般情况下，存储介质对数据传输速度都有一定的要求，若数据传输率偏低，则存储介质无法连续运转。专业备份软件通过优化数据传输率可以自动以较高的传输率进行数据传输，这不仅能缩短备份时间，提高数据存储备份速度，而且对存储设备本身也有好处。另外，专业备份软件还支持各类技术，如HP的TapeAlert技术，几乎所有主流专业备份软件均提供支持。

　　Windows 2003 Server系统自带的NTBackup备份工具的主要用途是当系统的硬件或存储媒体发生故障时，NTBackup工具可以帮助用户保护数据免受意外的损失。例如，使用NTBackup工具可以创建硬盘中数据的副本，然后将数据存储到其他存储设备。备份存储媒体既可以是逻辑驱动器（如硬盘）、独立的存储设备（如可移动磁盘），也可以是由自动转换器组织和控制的整个磁盘库或磁带库。如果硬盘上的原始数据被意外删除或覆盖，或因为硬盘故障而不能访问该数据，则使用NTBackup可以十分方便地从存档副本中还原该数据。下面从几个方面简单介绍NTBackup工具。

1．使用NTBackup可以进行的操作

1）在硬盘上备份选择后的文件和文件夹。

2）将存档文件和文件夹还原到硬盘或其他任何可以访问的磁盘上。

3）使用"自动系统故障恢复"可以从系统故障中恢复所需的所有系统文件和配置设置。

4）复制所有远程存储数据和所有存储在驱动器中的数据。

5）为所在计算机的系统状态制作副本。

6）创建日志，记录所备份的文件以及备份的时间。

7）备份计算机在本机或网络发生故障时启动系统所需的系统分区、启动分区和文件。

8）定期备份，以保持存档数据是最新的。

2．备份和还原所需要的权限和用户权利

必须具有特定权限和所有者的权限才能备份文件和文件夹。本地组中的管理员或backup operators组的成员则可以备份本地计算机上本地组适用的所有文件和文件夹。同样的，域控制器上的管理员或备份操作员，可以备份本地、域中或具有双向信任关系的域中所有计算机上的任何文件和文件夹。但是，如果不是管理员或备份操作员，又想备份文件，那么必须是要备份的文件和文件夹的所有者，或对所要备份的文件和文件夹具有一个或多个以下权限：读取、读取和执行、修改或完全控制。

除了上述的权限外，还需要保证对硬盘的访问不受磁盘配额限制的约束。这些限制将使管理员无法备份数据。通过右键单击要保存数据的磁盘，在弹出的快捷菜单中单击"属性"命令，然后单击"配额"选项卡，可以检查是否有配额限制，如图2-53所示。

还有，通过勾选"备份作业信息"对话框中的"只允许所有者和管理员访问备份数据"复选框，也可以限制访问备份文件，勾选后只有管理员和创建备份文件的人员可以还原文件和文件夹。

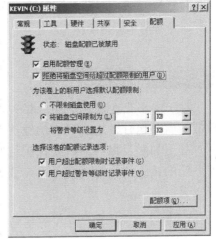

图2-53　磁盘配额

3．NTBackup的备份类型

NTBackup工具有5中备份类型，分别是正常、每日、差异、增量和副本。

1）正常：复制所有已选定的文件并将每个文件标记为已备份。使用正常备份，只需要备份文件或磁带的最新副本就可以还原所有文件。通常要在首次创建备份集时执行一次正常备份。

2）每日：这种备份会对在执行每日备份的那一天被修改的所有选定文件进行复制。备份的文件不会标记为已备份。

3）差异：这种备份会复制自上次正常备份或增量备份以来所创建或更改过的文件。它不将文件标记为已备份。如果执行的是正常备份和差异备份的组合，则还原文件和文件夹时将需要上次的正常备份和差异备份。

4）增量：只复制那些自上一次正常备份或增量备份以来创建或更改的文件的备份。它将文件标记为已备份。如果使用正常备份和增量备份的组合来还原数据，则需要上一次的正常备份和所有的增量备份集。

5）副本：这种备份会复制所有选定的文件，但不会将每个文件标记为已备份。如果要在正常备份和增量备份之间备份文件，则副本是很有用的，因为它不影响其他备份操作。

任务3　了解数据容灾的重要性

任务分析

随着计算机网络应用的普及和企事业单位网络数据的不断增加，大家都开始关注信息数据的重要性了。也许对于有些企业来讲，数据看起来并不是非常重要，不过就是一些日常行政文件和简单的销售记录；但对于现在以电子商务为主要经营手段的企业来讲，网络数据是企业赖以生存的基础，甚至可以说是整个企业的生命。这些数据一旦损坏或丢失，都将对企业造成不可估量的损失。对于像电信、金融、证券等行业，更是如此。因此，作为维护人员必须要关注如何确保信息数据的完好，网络容灾系统是针对这类问题的一种很周密的解决方案。所以，作为技术人员对数据的维护不能只停留在备份的层面上，必须要了解什么是数据容灾系统。

任务实施

对于中小企业来说，业务相关数据是至关重要的。如果关键数据丢失则会中断企业正常的商务运行，造成巨大的经济损失。这种损失不仅是资金方面的，隐含的各种损失有时是更加触目惊心的。要保护这些数据，企业需要网络容灾系统。但是很多企业对容灾系统的认识要么是严重不足，要么就是存在很大的误区。下面介绍容灾系统的一些基础知识。

1. 数据备份是数据容灾的基础

数据备份是数据高可用性的最基础防线，其目的是为了系统数据崩溃时能够快速地恢复数据。虽然数据备份不能算是全部的容灾方案，但这种容灾能力是非常有效果的。常见的数据备份主要是采用数据内置或外置的设备进行冷备份，备份介质同时也在机房中进行统一管理。当然，一旦整个机房出现了灾难，如火灾、盗窃和地震等，这些备份介质也会随之销毁，所以数据备份的容灾功能也有一定的限制。

2. 容灾不是简单的数据备份

真正的数据容灾就是要避免传统冷备份所具有的先天不足，它能在灾难发生时，全面、及时地恢复整个系统。容灾按其容灾能力的高低可分为多个层次。例如，国际标准SHARE 68定义的容灾系统有7个层次：从最简单的仅在本地进行存储介质的备份，到将备份的存储介质存储在异地，再到建立应用系统实时切换的异地备份系统，恢复时间也可以从几天到小时级到分钟级、秒级或零数据丢失等。

无论采用哪种容灾方案，数据备份还是最基础的，没有备份的数据，任何容灾方案都没有现实意义。但光有备份是不够的，容灾也必不可少。容灾对于IT而言，就是提供一个能防止各种灾难的计算机信息系统。从技术上看，衡量容灾系统有两个主要指标，即RPO（Recovery Point Object）和RTO（Recovery Time Object），其中RPO代表了当灾难发生时允许丢失的数据量；而RTO则代表了系统恢复的时间。

3. 容灾不仅是技术

容灾是一个工程，而不仅仅是技术。目前，很多客户还停留在对容灾技术的关注上，而对容灾的流程、规范及其具体措施还不太清楚，也从不对容灾方案的可行性进行评估，认为只要建立了容灾方案即可高枕无忧，其实这是具有很大风险的。特别是在一些中小企业中，认为自己的企业为了数据备份和容灾，整年花费了大量的人力和财力，而结果几年下来根本就没有发生任何大的灾难，于是放松了警惕。可一旦发生灾难时，后悔就来不及了。这一点有些国外的公司就做得非常好，尽管几年下来的确未出现大的灾难，备份了许多数据，几乎没有派上任何用场，但仍一如既往、非常认真地做好每一步，并且基本上每月都对现行容灾方案的可行性进行评估和实地演练。

4. 容灾系统的分类

容灾系统是指在相隔较远的异地，建立两套或多套功能相同的IT系统，互相之间可以进行健康状态监视和功能切换，当一处系统因意外（如火灾、地震等）停止工作时，整个应用系统可以切换到另一处，使得该系统功能可以继续正常工作。容灾技术是系统的高可用性技术的一个组成部分，容灾系统更加强调处理外界环境对系统的影响，特别是灾难性事件对整个IT节点的影响，提供节点级别的系统恢复功能。从其对系统的保护程度来分，可以将容灾系统分为数据容灾和应用容灾两种，简单介绍如下。

1）数据容灾：所谓数据容灾，就是指建立一个异地的数据系统，该系统是本地关键应用数据的一个可用复制。当本地数据及整个应用系统出现灾难时，系统至少在异地保存有一份可用的关键业务数据。该数据可以是本地数据的完全实时复制，也可以比本地数据略微落后，但一定是可用的。采用的主要技术是数据备份和复制技术。

2）应用容灾：所谓应用容灾，是在数据容灾的基础上，在异地建立一套完整的与本地生产系统相当的备份应用系统（可以互为备份）。建立这样一个系统是相对比较复杂的，不仅需要一份可用的数据复制，还要有网络、主机、应用，甚至IP等资源，以及各资源之间的良好协调，主要的技术包括负载均衡和集群技术。数据容灾是应用容灾的技术，应用容灾是数据容灾的目标。

在远程的容灾系统中，要实现完整的应用容灾，既要包含本地系统的安全机制和远程的数据复制机制，还应具有广域网范围的远程故障切换能力和故障诊断能力。也就是说，一旦故障发生，系统要有强大的故障诊断和切换策略制订机制，确保快速的反应和迅速的业务接管。实际上，广域网范围的高可用能力与本地系统的高可用能力应形成一个整体，实现多级的故障切换和恢复机制，以确保系统在各个范围的可靠和安全。

知识链接

容灾系统，对于IT而言，就是为网络信息系统提供的一个能应付各种灾难的环境。当网络系统在遭受如火灾、水灾、地震、战争等不可抗拒的自然灾难，以及计算机犯罪、计算机病毒、断电、网络/通信失败、硬件/软件错误和人为操作错误等人为灾难时，容灾系统将保证用户数据的安全性（数据容灾），甚至，一个更加完善的容灾系统，还能提供不间断的应用服务（应用容灾）。可以说，容灾系统是数据存储备份的最高层次。

对于中小企业来说，技术实施的难度和设备高昂的价格使得其对数据容灾备份望而却步，不敢涉及。但是现在是信息的社会，对于中小企业来说，信息的重要性是一样的，甚至更有过之。所以中小企业也需要数据的容灾备份。但是中小企业没有备援中心，没有异地的镜像环境，甚至可能没有磁盘阵列。这是不是就决定了中小企业不能进行数据容灾备份了呢？当然不是，下面来谈谈适合中小企业的数据容灾备份之道。

"麻雀虽小，五脏俱全"，不能因为是小企业在构建数据容灾时就可以偷工减料。构建一个企业的数据容灾方案是一个系统工程，再小的企业也要从工程的角度，科学地构建容灾系统。

建立容灾系统，首先要明确容灾是针对什么类型的灾害，明确这一点是进行数据风险分析的关键。在这里，灾难主要是指自然灾难和人为灾难，包括系统硬件、网络故障、机房断电，甚至火灾、地震。如何在灾难中最大可能性和最多地保存数据就是容灾的追求。所以中小企业的容灾处理的重点应该是数据的备份。类似断电、丢失等灾害，各部门有相应的手段可以预防，而且这些手段和技术现在都很普及，这里讨论的重点是针对自然灾害，如地震、洪水、大火等天灾的情况下的数据保存。数据容灾的方案制订大体分为以下几步，本书的重点是适合中小企业的解决方案。

1）分析数据风险。根据灾害的类型进行针对性研究，区分数据的重要性，落实数据的防护措施。

2）进行数据分析。分析出核心数据，也就是必须要保存的数据，只要这些核心数据得以保存，其他数据可以进行恢复。这一步是为了快速地备份数据和减小备份数据的容量做准备。

3）进行备份方案分析。根据企业现状列出可以进行数据备份的方式方法，探讨可能性和可实施性。

4）制订数据备份的规则制度。规则的制订方便实施和检查，就是在非灾难时期把数据随时整理好，做好原始数据的保存。

针对中小企业的现状，本书从以往的方案中总结出一些简单易行的解决办法。最好的数据备份方式是异地备份，但是本地备份也很重要。先说本地备份，本地数据备份也就是如何在灾难中保存数据存储设备。针对一般的磁介质和光介质的弱点，本地备份分为两个部分组成：①专人保管，随身携带，非工作期间远离工作地点。天灾有很大的偶然性，有专人保管就多了一份希望。②对数据存储设备进行防灾处理，现在一般的保险柜可以做到防震，再对数据存储设备进行防水防火处理，然后将其放置在保险柜内可以抵御一般的自然灾害。这是本地备份的几种方法。异地备份对于中小企业来说较难实现且成本较高，好在现在可以利用互联网网络存储，通过Internet进行数据的异地存储，这样简单方便，没有技术要求且投资也完全可以接受。

其次，由于现在中小企业的数据量也越来越大，存储很费时间和空间。针对这种情况要考虑对核心数据的保护，也就是对原始数据进行甄别，分析出核心数据，通过对核心数据的存储来减小数据量，以方便保存。如何分析出核心数据不能一概而论，要根据企业的性质和信息的用途来具体分析。

最后是制订数据备份制度。再好的技术和方案没有制度的保证也是空谈。信息的产生是随时的，不可能进行预测。管理员要根据业务要求和企业及客户的需求制订适合自己的数据备份制度。这些制度包括何时备份数据、备份到何种介质、何人保管数据等多项。

经典案例

下面和大家分享一个中小企业的数据容灾备份的方案，这里重点分析关于自然灾害的数据备份部分。

本案例中的企业是从事现实贸易行业的，商品种类繁多，业务量很大。由于商业需求必须对商品生产商和下一级经销商以及终端用户的数据进行管理。如果这些数据丢失或损毁，则公司将失去相应市场，可以说这些数据就是企业的命脉。

方案首先确定存储方式。本地备份方式采取人员携带和公司内部保存两种方式。携带人员为公司CIO，基本上将数据存储盘随身携带或放置在自己家中。公司内部采取了防水防火处理后的存储设备在网管中心的保险柜内存放。通过互联网购买了在地理上距离很远的3处存储空间，进行网络存储。

由于商品种类繁多，数据库容量很大，公司进行了数据精简，将商品的照片性能等数据进行精简，只保留了商品名称、供货商和价格等关键数据，并将这些关键数据进行了防灾备份。在信息分级和共享备份方面，公司首先对信息进行了分类处理，不同部门根据自身业务需求生成了自己部门的关键数据，这些关键数据也按照要求进行了容灾备份。公司还把可以和供货商及销售终端进行共享的数据制作成了电子商品清单，提供给供货商和销售终端，通过这种方式，部分数据就可以在供货商和销售终端的数据处理系统中进行共享备份。

以上是容灾备份的方法，这些方法必须以完善的数据备份制度为辅助，并配合以严格的检查措施为方法实施的保障。下面是相关数据容灾备份的制度。

1．数据容灾备份制度

1）公司内部计算机内的业务数据应制作数据备份，确保系统一旦发生故障能够快速恢复数据。

2）业务数据应定期、完整、真实、准确地转储到备份用的硬盘、移动硬盘或光盘上，并按照要求集中和异地保存。

3）数据备份分为不定期备份和定期备份。不定期备份指各部门人员应在每次上报完成后，将上报数据备份到数据备份服务器的相关目录中。定期备份指网管人员每月集中进行数据备份，数据备份在可刻录光盘上。

4）备份盘标识应清楚，包括注明时间和备份人等。年度备份属档案资料，应以光盘方式归档，并定期检查和复制（视保存期而定）。

5）备份的数据指定专人负责保管，由网管人员同档案管理员进行数据的交接。交接后的备份数据应存放在指定的档案室或指定的场所保管，保管地点应有防火、防热、防潮、防尘、防磁、防盗设施。

2．需要备份的数据库和重要数据

1）安装在系统中的商品综合管理信息系统数据库。

2）安装在系统中的营销管理信息系统数据库。

3）安装在系统中的销售和库存的日/月报表。

3．备份介质

备份硬盘、移动硬盘、光盘、网络存储空间。

4．备份策略

对营销管理信息系统数据库：

1）系统重建或系统参数改变时，做一次操作系统备份。

2）对营销管理信息系统数据库采用联机热备，每周6天、每天24h（6×24）备份操作。

3）每天进行一次全部归档，重做日志备份。

4）在每周进行完全的数据库导出备份，导出时间为晚上，采用全备份导出。

5）每周至少检查一次自动备份工具备份数据的准确性（日志）。

对商品综合管理信息系统数据库：

1）系统重建或系统参数改变时，做一次操作系统备份。

2）每周至少做一次脱机备份。

3）每天做一次全部归档，重做日志备份。

4）每周做一次完全的数据库导出备份，导出时间为晚上，采用全备份导出。

5）每周至少检查一次自动备份工具备份数据库的准确性（日志）。

对进销存系统的备份：

1）系统重建或系统参数改变时，做一次备份。

2）每周做一次日/月报表备份。

5．备份方式

1）网络管理员负责整体系统备份，遵照系统的备份策略进行。

2）部门负责人进行部门数据备份。

3）部门负责人负责在下班前30min上交备份盘到网管中心。

4）部门负责人在上班后30min到网管中心领取备份盘。

5）网管中心负责人在下班前10min将移动存储设备存入保险柜，同时上交CIO。

6）网管中心负责人上班后10min向CIO索回移动存储备份设备。

项目4

网络安全维护 ▰▰▰▰▰▰▰▰▰▰▰▰▰▰▰▰

项目情景 ▰▰

　　最近一段时间，网络防火墙频频检测到攻击数据流，而且病毒对网络的干扰也不断。小李需要针对整体网络进行全面的安全维护。要防护一台计算机并不难，但是针对整体网络应该如何进行网络安全的维护呢？这是一个很紧要的问题，因为网络在保证了物理连通之后，安全问题就成为维护工作中的新重点。

要进行整体网络的安全维护需要3个步骤。首先是针对整体网络进行网络安全风险分析，分析出整体网络存在的安全弱点，这样才能做到在维护工作中有的放矢。其次是构建网络安全体系，没有一个完整的体系作为保障，网络安全维护就会变得事倍功半，凭空地增加很多工作量。最后，在了解了网络的弱点和生成了相应的网络安全制度后，根据制度，针对弱点进行日常的网络安全维护工作。

任务1 网络安全风险分析

任务分析

按照项目描述的实施步骤，先从整体网络安全风险分析开始。要进行网络安全风险分析，首先要了解涉及整体网络安全的相应项目内容。虽然每个网络各不相同，但是这些项目还是具有很大的普遍性。

任务实施

网络安全风险是指在信息化建设中，各类应用系统及其赖以运行的基础网络、处理的数据和信息，由于其可能存在的软硬件缺陷、系统集成缺陷等，以及网络安全管理中潜在的薄弱环节，从而导致不同程度的安全风险。网络安全风险分析是从风险管理的角度出发，运用科学的手段，系统地分析网络与信息系统所面临的威胁及其存在的脆弱性，评估安全事件一旦发生可能造成的危害程度。为防范和化解信息安全风险，或将风险控制在可以接受的水平，制定有针对性的抵御威胁的防护对策和整改措施，为最大限度地保障网络和信息安全提供科学依据。

由于这里所维护的网络属于中小型网络，所以针对网络的安全风险分析将从以下几个方面进行。

1）互联网接入：现在大多数小型网络都联接到了互联网。网络只要在线，就会面临多种互联网威胁。

2）远程访问：如果能够在旅途中或家中访问与工作相关的重要文件，将可以提高工作效率，但同时也带来了很大的安全风险。

3）无线网络：对中小网络而言，无线网络因其灵活性和相对便宜的价格，被视为高性价比的互联网选择。不过，无线网络带来的问题是，企图非法利用无线网络的人在增加，因为入侵者不需要以物理方式连接到企业的硬件，所以无线网络更容易被非法利用。

4）防病毒：安装防病毒软件任何时候都非常重要。防病毒软件应该安装在所有的桌面和便携式计算机上，包括那些在办公室之外用于建立网络远程联接的设备。一个好的防病毒解决方案，不仅能有效查杀各种病毒和蠕虫，还能检测间谍软件和广告软件。

5）防火墙：采用防火墙系统实现对内部网和广域网的隔离保护。对内部网络中，服务器子网通过单独的防火墙设备进行保护。通过阻止未经授权的访问企图，将入侵者挡在企业的网络之外。现今，一些复杂的互联网威胁能够逃避市场上的基本防火墙产品，所以中小企业需要寻求能够提供入侵防护技术的高级防火墙，以主动阻止入侵威胁。

6）内容过滤：通过安装内容过滤软件防止有害内容进入，并防止将保密信息发送到内部网络之外。

7）入侵检测：对计算机或网络中发生的事件或流量进行监视，检测各种攻击和恶意行为，这样就可以在攻击发生之前将其阻止。对于分布环境下重要网段的攻击检测，发现来源于内部或外部的攻击，进行记录和阻断；也便于发现网络内部的异常信息流，如访问非法网站、内部异常扫描、非主流业务的大流量传输等；对于蠕虫大规模爆发时即可查出源地址，便于及时进行处理。

8）VPN：VPN（虚拟专用网）是远程用户穿过公共互联网联接到办公网络并且仍然保持联接安全性的一种方法。VPN对建立安全的远程联接来说至关重要。通过用户授权以及对流出和流入企业内部IT系统的数据进行加密，VPN可作为进入企业网络的"安全隧道"，同时保护企业机密数据的安全性和完整性。

9）边界安全：服务器以及内部网络和外部网络连接处的入口，保证服务器区以及内部资源不被非法访问。

10）抗拒绝服务：不仅能对内部各服务器系统进行抗拒绝服务保护，还能对防火墙系统进行防护。

11）网络行为监控系统：对网络内的上网行为进行规范，并监控上网行为。过滤网页访问，过滤邮件，限制上网聊天行为，阻止不正当文件的下载。

12）垃圾邮件过滤系统：过滤邮件，阻止垃圾邮件及病毒邮件的入侵。

13）带宽控制系统：使网管人员对网络中的实时数据流量情况能够清晰地了解。掌握整个网络使用流量的平均标准，定位网络流量的基线，及时发现网络是否出现异常流量并控制带宽。

按照上述的项目内容，对应所有维护网络的相关内容，针对可能存在的风险进行逐一分析，就可以生成所维护网络的安全风险分析报告。因为本书本身不是网络安全类的书籍，所以不再进行具体分析。

必备知识

以Internet为代表的全球性信息化浪潮迅猛发展，信息网络技术的应用正日益普及和广泛，应用层次正在深入，应用领域也从传统的、小型业务系统逐渐向大型的、关键业务系统扩展，典型的如行政部门业务系统、金融业务系统、企业商务系统等。伴随网络维护的普及，网络安全也日益成为影响网络效能的重要问题。Internet所具有的开放性、国际性和自由性在增加应用自由度的同时，也对安全提出了更高的要求。如何使网络信息系统不受黑客和病毒的入侵，已成为政府机构、企事业单位信息化健康发展必须要考虑和解决的重要问题。

现在的固定思维模式是，只有大型的企事业单位才存在安全问题。中小企业由于网络规模小、应用功能少，一般不会存在安全问题。然而，就现实来看，中小企业的网络安全状况并不乐观。随着各种病毒爆发时间间距的不断缩短，中小企业正面临着无法跟上病毒步伐的尴尬和窘境。各种恶意威胁、间谍软件、垃圾邮件也严重影响了中小企业业务的正常运转。权威机构调查结果显示：80%的中小企业经常担忧网络威胁导致业务损失，57%的中小企业认为企业现有资源不足以应对网络威胁，48%的中小企业愿意在公司外部寻求技术支持，15%的中小企业对业务持续发展的能力缺乏足够的信心。多个权威调研机构的信息安全调查报告都显示了一条令人不安的曲线，那就是全球范围内针对中小企业的安全事件持续攀升，尽管企业在这方面的投入不断增多，但情况依然不乐观。从外部环境来看，威胁中小企业信息安全的因素正变得越来越复杂，在传统的概念中，病毒是导致安全问题的罪魁祸首，大多数中小企业决策者认为，只要防止病毒传播就可以完全保障业务运行的安全性。然而，实际情况是，中小企业的信息化环境正因业务扩张而变得复杂。而环境越复杂，风险就更具多样性。所以仅防止病毒传播的单一防护手段，已经远远不能保障中小企业运营环境的安全。而且随着网络技术的迅速发展，各种依托网络开展的攻击技术也得到了蔓延。黑客攻击手段越来越丰富，各类破坏力较大的攻击工具以及对该方面进行介绍的文摘在网上唾手可得，中小企业的安全现状常常使得它们成了黑客攻击破坏的首选"试验品"。另外，病毒的发展已经远远超过人们预期的想象，破坏性越来越严重，加上企业内部信息安全管理制度的疏漏，也为一些不法人员提供了大量的犯罪途径。中小企业迅速建立完善的信息安全体制已经是迫在眉睫了。

中小企业的信息安全问题之所以棘手，来自一个显而易见的矛盾：一方面，中小企业在资源投入上相对匮乏，没有充裕的专项资金和专业的安全维护团队；另一方面，如上所述，中小企业和大型企业同样处于复杂多变、充满风险的环境中，安全威胁并不因企业的规模而放大或缩小。这种投入与需求上的矛盾，使得面向中小企业的安全解决方案必须有着很强的针对性。从现实情况来看，很多厂商的中小企业方案只是简单地将面向行业用户、大型企业用户或个人用户的方案做简单修改，再更换包装，这显然不能为中小企业提供完善的防护。所以，虽然中小企业面对的安全形势很严峻，但又往往处于一种很无奈的状态。中小企业虽然想使用网络安全产品，但高端产品的高端价格令他们望而却步，想买性价比更好的产品，却发现市场上真正适合自己的解决方案并不多。综上所述，中小企业的安全问题一点也不比大型企事业单位的简单，如果加上一些非技术因素，甚至可以定义为中小企业的安全问题比大型企事业单位更难解决。

中小企业网络的典型特点是：500台以下的计算机数量，缺乏专门的IT部门和专门的网管人员。IT专业人才的缺失和不断涌现的漏洞病毒，已经让中小企业网络成为重灾区。除了感染病毒之外，中小企业还会遭遇网络阻塞、系统瘫痪、信息传输中断、数据丢失、拒绝服务攻击、端口扫描攻击、篡改网页等问题，一些拥有邮件服务器的中小企业，还会面临垃圾邮件的问题。可以说，小型企业面临着与大型企业一样的挑战和安全威胁，只不过中小企业更关注的是企业的整体增长，而不是安全问题，因而在解决安全问题中拥有的资源更少，不会采取预防性措施从而处于劣势地位。面对越来越多的病毒、蠕虫、垃圾邮件和黑客攻击，缺这少那的中小企业该如何面对呢？具体到中小企业主管来说，如何使用有限的资金，实现最大化的安全呢？从技术角度来看，中小企业需要特定的安全策略。中小企业所需要的安全策略，应该是使用户在处理网络威胁时无须过多地花费时间。针对中小企业的网络安全产品，不仅要有价格优势，还要考虑如何通过尽量少的产品提供一套整合度高、易于维护的方案，能够实现防病毒、防垃圾邮件、防止非法入侵、身份识别与访问控制、反端口扫描、数据备份和恢复、防止无线数据拦截等需求，完全解决中小企业因缺少专门的IT部门而带来的各种安全问题。

经验之谈

中小企业所面临的具体安全问题可以分为以下3个方面。

1）外网安全：恶意软件、病毒传播、蠕虫攻击、垃圾邮件泛滥、敏感信息泄露等，已成为影响最为广泛的安全威胁。

2）内网安全：最新调查显示，在受调查的企业中，60%以上的员工利用网络处理私人事务。对网络的不正当使用，降低了工作效率、消耗企业网络资源并引入病毒和间谍软件，或使得不法员工可以通过网络泄漏企业机密。

3）内部网络之间、内外网络之间的连接安全：随着企业的发展壮大，逐渐形成了企业总部、各地分支机构、移动办公人员这样的新型互动运营模式。如何处理总部与分支机构和移动办公人员的信息共享安全？既要保证信息的及时共享，又要防止机密的泄漏已经成为企业成长过程中不得不考虑的问题。各地机构与总部之间的网络联接安全直接影响企业的运作效率。

实战强化

X-Scan是一种常见的网络安全扫描器。X-Scan采用多线程方式对指定IP地址段（或单机）进行安全漏洞检测，支持插件功能，提供了图形界面和命令行两种操作方式，扫描内容包括远程服务类型、操作系统类型及版本、各种弱口令漏洞、后门、应用服务漏洞、网络设备漏洞、拒绝服务漏洞等20多个大类。对于多数已知漏洞，X-Scan给出了相应的漏洞描述、解决方案及详细描述链接。X-Scan是完全免费软件，无须注册，无须安装（解压缩即可运行，自动检查并安装WinPCap驱动程序），可以直接使用。但是由于X-Scan有一定的危险性，所以有些杀毒软件可能会对X-Scan进行查杀，使用时在杀毒软件中指明将X-Scan排除即可。

X-Scan初始界面如图2-54所示。

首先对"扫描参数"进行设置，打开设置菜单，在"检测范围"中的"指定IP范围"文本框中输入要检测的目标主机的域名或IP，也可以对多个IP进行检测。例如，输入"192.168.11.1-192.168.11.254"，这样可对这个网段的主机进行检测，如图2-55所示。

在高级设置中，可以选择线程和并发主机数量，还有"跳过没有响应的主机"和"无条件扫描"单选按钮，如果设置了"跳过没有响应的主机"，则当对方禁止了PING或因防火墙设置使对方没有响应时，X-Scan会自动跳过，自动检测下一台主机。如果使用"无条件扫描"，则X-Scan会对目标进行详细检测，这样结果会比较详细，也更加准确，但扫描时间会延长，通常对单一目标会使用这个选项，如图2-56和图2-57所示。

网络维护与故障解决

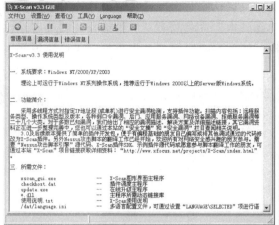

图2-54　X-Scan初始界面

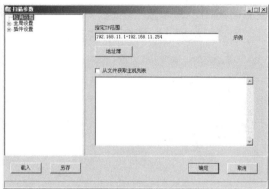

图2-55　扫描参数设置

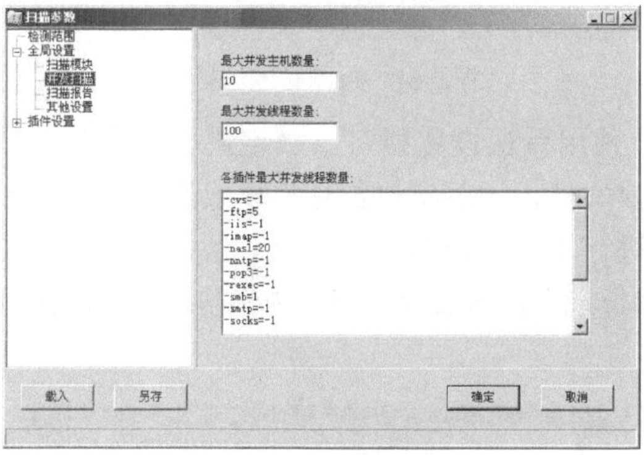

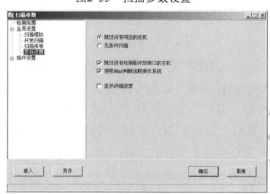

图2-56　并发数量设置

图2-57　其他设置

在"端口相关设置"中可以自定义一些需要检测的端口。检测方式有"TCP"和"SYN"两种，TCP方式容易被对方发现，但准确性要高一些，SYN则相反，如图2-58所示。

"SNMP相关设置"主要是针对SNMP网管信息的检测设置，一般情况下并不涉及。"NETBIOS相关设置"是针对Windows系统的NETBIOS信息的检测设置，包括的项目有很多种，根据需求选择实用的即可，如图2-59所示。

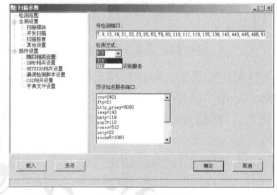

图2-58　端口设置

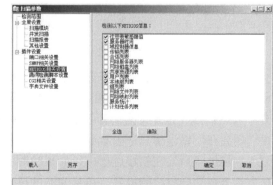

图2-59　NETBIOS设置

"漏洞检测脚本设置"是3.3版新推出的一个功能，如图2-60所示，有的检测脚本对对方主机是有破坏性的，可能会造成对方主机死机、重启、服务出现异常等，这样很容易被对方发现。需要根据实际情况设置，可以在"选择脚本""漏洞类别"中选择一些危害性比较大的漏洞，或勾选"全选"复选框全部选择，如图2-61所示。如果需要同时检测很多主机，则可以根据实际情况选择特定脚本。

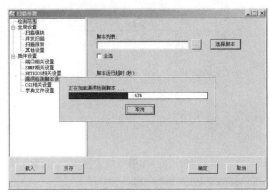
图2-60　加载检测脚本

图2-61　检测脚本选择

　　"CGI相关设置"和以前的版本区别不大，使用默认设置即可。"字典文件设置"是X-Scan自带的一些用于破解远程账号所用的字典文件，这些字典都是简单或系统默认的账号等。可以选择自己的字典或手工对默认字典进行修改，如图2-62所示。默认字典存放在"DAT"文件夹中。字典文件越大，探测时间越长。"扫描报告"用来选择扫描结束后针对各类扫描结果报告的文件形式，如图2-63所示。

图2-62　字典选择

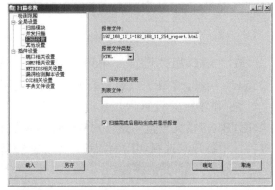
图2-63　扫描报告设置

　　"扫描模块"用于检测对方主机的一些服务和端口等情况，可以全部选择或只检测部分服务，如图2-64所示。设置好以上两个模块后，单击"确定"按钮返回初始界面，再单击"开始扫描"按钮即可。X-Scan会对对方主机进行详细的检测。如果扫描过程中出现错误，则会在"错误信息"中看到，如图2-65所示。

　　扫描结束后，在扫描过程中，如果检测到了漏洞，则可以在"漏洞信息"中查看。扫描结束后会自动弹出检测报告，包括漏洞的风险级别和详细信息，以便对对方主机进行详细的分析，如图2-66所示。X-Scan 3.3版增加了单独扫描等功能，这些功能一般只能进行单项扫描，但是速度很快，方便用户进行专项扫描时使用，如图2-67所示。

图2-64 扫描模块

图2-65 扫描过程及错误信息

图2-66 扫描结果

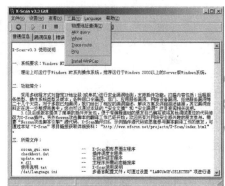

图2-67 新增功能（单独扫描）

任务2　组建网络安全管理体系

 任务分析

在了解了网络安全风险之后，需要根据存在的安全风险进行整体网络安全管理体系的构建。网络安全管理体系是针对网络安全的整体解决方案，网络安全的日常维护也隶属于这个体系。除了日常维护工作外，还有网络安全管理制度的制定和实行，以及网络安全类文档的建立等工作。

任务实施

随着网络发展，网络安全问题已经成为网络维护的重点。虽然我们已经建立了一套具备报警、预警、分析、审计、监测等全面功能的网络安全系统，在技术角度上已经实现了巨大进步。但是，网络面临的威胁并未随着技术的进步而有所抑制，反而使矛盾更加突出，从层出不穷的网络犯罪到日益猖獗的黑客攻击，似乎网络世界正面临着前所未有的挑战。恶意软件、僵尸网络、ARP病毒、带宽占用等都直接威胁到网络的安全。根本原因，除了技术因素外，就是针对整体网络缺失一整套安全体系。在没有整体安全体系的保障下，单纯靠技术很难解决一切问题。如果想从根本上克服网络安全问题，则需要威严的法律、先进的技术、严格的管理这3个方面的充分配合。法律法规的建立不是维护人员的主要任务，作为网络安全维护人员要从管理和技术两个方面着手，这是现阶段解决好网络安全问题的需要，也是今后网络安全发展的必然趋势。

从管理方面而言，为了实现网络的安全性，除了在技术上增加安全服务功能，完善系统的安全保密措施外，安全管理规范也是网络安全所必须的。安全管理策略一方面从管理上即安全管理规范来实现，另一方面从技术上建立高效的管理平台（包括网络管理和安全管理）。安全管理策略主要有定义完善的安全管理模型、建立长远且可实施的安全策略、彻底贯彻规范的安全防范措施、建立恰当的安全评估尺度，并且进行经常性的规则审核。当然，还需要建立高效的管理平台。

面对现有环境下网络安全的脆弱性，必须加强网络安全管理规范的建立，因为诸多的不安全因素恰恰反映在组织管理和人员录用等方面，而这又是网络安全所必须要考虑的基本问题，应该引起网络应用部门领导的重视。要实现严格的管理要注意以下几个问题。

1. 安全管理体系的原则

1）结合实际，合理规划。每个系统都有其薄弱环节。正是这些环节使系统许多资源闲置甚至浪费，发挥不了应有的作用。众所周知，黑客的攻击点就是系统中最薄弱的环节。单个系统考虑安全问题并不能真正有效地保证安全，需要从整体网络体系层次建立安全架构，合理规划，全面防护，让系统中最薄弱的环节发挥应有的作用。

2）集中管理，重点防护。为了应对网络中存在的多元、多层次的安全威胁，必须先构建一个完备的安全分析模型，在模型架构下层层设防、步步为营，才能将安全问题各个击破，实现全网安全。统筹设计安全的总体架构，建立规范、有序的安全管理流程，集中管理各系统的安全问题，避免安全"孤岛"和安全"短板"。

3）强化员工上网行为管理，确保互联网资源的合理使用，并不是强制性的管理模式，而是根据企业的需要，结合员工的具体要求来实施的行为管理。只有制定完整的规章制度和行为准则，并与安全技术手段合理结合，网络系统的安全才会有最大的保障。避免人为的网络安全隐患，提升互联网使用率，已经不仅局限于网络安全管理，它已经触及企业管理与发展的范畴。

2. 安全管理体系的实现

1）信息系统的安全管理部门应根据管理原则和该系统处理数据的保密性，制定相应的管理制度或采用相应的规范，并根据工作的重要程度，确定该系统的安全等级和安全管理的范围。

2）制定相应的机房出入管理制度。对于安全等级要求较高的系统，要实行分区控制，限制工作人员出入与己无关的区域。出入管理可采用证件识别或安装自动识别登记系统，采用磁卡、身份卡等手段，对人员进行识别和登记管理。

3）制定严格的操作规程和完备的系统维护制度。

4）对系统进行维护时，应采取数据保护措施，如数据备份等。维护时要先经主管部门批准，并有安全维护人员在场，故障的原因、维护内容和维护前后的情况要做详细记录。

5）制订应急措施。要制订系统在紧急情况下，如何尽快恢复的应急措施，使损失减至最小。建立人员雇用和解聘制度，对工作调动和离职人员要及时调整相应的授权。

3. 网络管理系统的范围

维护人员可以在管理机器上对整个内部网络上的网络设备和安全设备、网络上的防病毒软件、入侵检测系统进行综合管理，同时利用安全分析软件从不同的角度对所有的设备、服务器、工作站进行安全扫描，分析它们的安全漏洞，并采取相应的措施。

4. 安全管理体系的项目

安全管理的主要功能指对安全设备的管理：监视网络危险情况，对危险进行隔离，并把危险控制在最小范围内；对身份进行认证，设置权限；对资源的存取权限的管理；对资源或用户动态或静态的审计；对违规事件，自动生成报警或生成事件消息。其次是密码管理：对无权操作人员进行控制；密钥管理，对于与密钥相关的服务器，应对其设置密钥生命期、密钥备份等管理功能；冗余备份，为增加网络的安全系数，对于关键的服务器应进行冗余备份。

网络安全的任何一项工作，都必须在网络安全组织、网络安全策略、网络安全技术、网络安全运行体系的综合作用下才能取得成效。首先，必须有具体的人和组织来承担安全工作，并且赋予组织相应的责权；其次，必须有相应的安全策略来指导和规范安全工作的开展，明确应该做什么，不应该做什么，按什么流程和方法来做；再次，如果存在了安全组织、安全目标和安全策略，则需要选择合适的安全技术方案来满足安全目标；最后，在确定了安全组织、安全策略、安全技术以后，必须通过规范的运作过程来实施安全工作，将安全组织、安全策略和安全技术有机地结合起来，形成一个相互推动、相互联系的整体，通过实际的工程运作和动态的运营维护，最终实现安全工作的目标。

5. 安全管理系统的文档类型

实现安全管理需要建立各类安全制度文档，下面给出一些建议和范例。虽然中小企业的网络形式很类似，但由于企业性质的差异，网络应用还是存在很大的区别。所以，具体管理文档的建立也不能照搬照抄，还是要根据具体情况而定。

1）机房管理制度：包括对网络机房实行分域控制，保护重点网络设备和服务器的物理安全。

2）各类人员职责分工：根据职责分离和多人负责的原则，划分部门和人员职责，包括对领导、网络管理员、安全保密员和网络用户职责进行分工。

3）安全保密规定：制定并颁布本部门计算机网络安全保密管理规定。

4）密码管理制度：严格执行网络设备、安全设备、应用系统及个人计算机的密码管理制度。

5）系统操作规程：对不同应用系统明确操作规程，规范网络行为。

经典案例

网络中心机房管理与维护制度（范例）

1）中心机房由网络管理员专门负责管理。其他人员未经同意不得入内，机房钥匙不得转借他人。

2）网络管理员要确保机房内各种网络设备正常工作，保证网络畅通，负责本中心局域网的防毒和杀毒工作，出现故障应及时处理并做好有关记录，同时及时向中心负责人报告，及时做好服务器数据备份工作。

3）定期检查服务器、网络等设备的运行的情况以及软件系统的应用情况，建立计算机系统的应用登记制度，认真记录系统的运行情况，掌握用户对网络的访问情况，以便在网络出现故障时，能及时查找故障原因，发现问题及时处理并汇报。

4）机房内及周围环境要保持清洁，地面、窗台和窗户无灰尘。有关设备和物品的摆放应合理有序，对计算机设备应定期进行保养。

5）除网络管理员外，其他人员不得在服务器上任意安装和删除软件，不得随意更改服务器和交换机上的各项系统设置。

6）服务器和交换机等设备无特殊情况不得随意关闭，所有设备必须接UPS保护电池，网络设备必须安全接地。避免因电压不稳或接地不良而损坏设备。

7）需要对局域网做大的改动时，要向中心负责人请示，征得批准后才可进行。

8）网络设备的调试，安装完成以后，管理员应及时修改网络设备的管理员密码，删除不必要的用户。

9）非专业管理人员严禁私自随意拆装或移动有关设备，以保证网络设备的正常运行。对新购进的计算机设备，须有关人员检测后，方可安装运行，防止质量问题或病毒的侵害。

10）管理人员必须掌握各设备的操作规程，按程序要求规范操作。严格执行计算机设备防火、防电、防雷规定，预防火电侵害，确保人身和计算机设备的安全。

经典案例

信息中心管理制度（范例）

1）信息中心设专人负责网络系统的管理，建立完善的网络系统管理制度。定期进行病毒检测，发现病毒立即处理并报告。

2）对网络的核心资源实行备份保护（含硬件，软件，数据），存放核心资源的场所要有严密的安全保障措施。

3）未经信息中心许可，各部门不得对现有网络（包括网络设备和软件配置）随意改动。

4）各部门要建立病毒防范措施，并由计算机管理员负责组织落实。已配备的杀毒软件，要及时升级并定期查毒杀毒。对于在内部网络上进行数据交换的设备和存储介质要严格管理，防止病毒从网上传播。使用外来存储介质在内部网络进行数据交换时，必须先进行查毒处理。

5）加强对有权限进入网络工作的人员的管理。对网络密码实行分权、分级别管理，同级别的密码不得互用。要定期对密码进行修改并备案存档，并建立密码管理备案制度。

6）加强对内部各类信息的网络安全防范工作，要防篡改、防泄露。系统内部自用的业务信息不得对外公布，需要对外公布的信息要按规定程序报批。对外提供信息实行统一归档管理。

7）加强对接入互联网的管理。除经批准因工作需要登录互联网的计算机设备外，其他任何设备不得联入互联网。

8）从非业务交流途径获得的软件，未经信息中心许可，不得装入工作用机上使用。

9）新系统安装前应进行病毒例行检测。经远程通信传送的程序或数据，必须经过检测，确认无病毒后才可使用。

必备知识

导致存在网络安全问题的主要因素有下列几项。

1．业内缺乏统一的安全规范

虽然涉及网络安全的规范非常多，有ISO组织的、有行业协会的、有各个国家的等很多规范，但是这些规范对网络安全的定义不尽相同。如果将行业规范和各个国家的网络安全规范进行比较，那么差异就更大了。不同的国家、不同的民族有着不同的行为规范和思维方式，这就使得许多代表先进技术的安全设备不能在某些安全环节发挥作用，妨碍了业内整体安全的实现。

2．全民缺乏安全意识

虽然现在网络安全问题已经是世人皆知的问题了，但并不代表全民都具有了相应的安全意识。就从简单的中小企业举例：涉及网络安全的人员往往存在侥幸心理，对安全问题的可能性估计不足，没有做好应急准备。不涉及安全的人员认为安全是维护人员的事情，缺乏自身安全的基本意识和技术，导致自身安全问题频发，影响整体网络的安全性。

3．相关法律不健全

法律是信息网络安全的制度保障。离开了法律这一强制性规范体系，信息网络安全技术和管理人员的行为就失去了约束，即使有再完善的技术和管理手段都是不可靠的。没有法律的约束，即使相当完善的安全机制也不可能完全避免非法攻击和网络犯罪行为。信息网络安全法律一方面是一种预防手段，另一方面也以其强制力作为后盾，为信息网络安全构筑起最后一道防线。法律也是实施各种信息网络安全措施的基本依据，信息网络安全措施只有在法律的支撑下才能产生约束力。法律对信息网络安全措施的规范主要体现在：对各种计算机网络提出相应的安全要求；对安全技术标准、安全产品的生产和选择做出规定；赋予信息网络安全管理机构一定的权利和义务，规定违反义务后应当承担的责任；将行之有效的信息网络安全技术和安全管理的原则规范化等。

我国现行的信息网络法律体系框架分为3个层面。第一层是一般性法律规定，如宪法、国家安全法、国家秘密法、治安管理处罚条例、著作权法、专利法等，这些法律法规并没有专门对网络行为进行规定，但是，在它所规范和约束的对象中包括了危害信息网络安全的行为。第二层是规范和惩罚网络犯罪的法律，这类法律包括《中华人民共和国刑法》《全国人大常委会关于维护互联网安全的决定》等。第三层是直接针对计算机信息网络安全的特别规定，这类法律法规主要有《中华人民共和国计算机信息系统安全保护条例》《中华人民共和国计算机信息网络国际联网管理暂行规定》《计算机信息网络国际联网安全保护管理办法》《中华人民共和国计算机软件保护条例》等。

具体规范信息网络安全技术、信息网络安全管理等方面的规定，这类法律主要有《商用密码管理条例》《计算机信息系统安全专用产品检测和销售许可证管理办法》《计算机病毒防治管理办法》《计算机信息系统保密管理暂行规定》《计算机信息系统国际联网保密管理规定》《电子出版物管理规定》《金融机构计算机信息系统安全保护工作暂行规定》等。

我国现行信息网络安全法律法规还存在一些问题，如立法滞后、层次低、尚未形成完整的体系、不具开放性和兼容性、相关法律法规的操作性不是很好等问题。

4. 网络管理不到位

有些中小企业在网络安全方面也做了很大的投入，配置了先进的设备和高素质的技术人员，但是整体网络安全情况并没有明显改善。问题就出在网络管理上，没有完善的网络管理就没有网络安全。网络管理和网络安全是相辅相成、相互促进的，缺一不可。网络管理涉及制度的建立、具体应用技术的管理范围和管理项目等问题。

5. 虚拟世界和现实世界的结合

最近几年，熊猫烧香、灰鸽子、AV终结者……这些病毒软件集中爆发，我国病毒问题开始出现。一些中小企业为确保电子商务安全，甚至不得不定期交"保护费"，这一现象的本质就是虚拟的网络世界和现实世界进行了结合，形成了这种黑色产业链。这就使得网络安全问题不再只是技术人员的事情了，且简单靠技术已经无法解决这些问题。要割断这种产业链必须依靠威严的法律、运用先进的技术、进行严格的管理，从各个方面杜绝这种产业链形成的可能性，才可以彻底根治网络安全问题。

任务3　网络安全的日常维护

任务分析

了解了所要维护网络存在的各种安全风险，并且有了可以执行的安全管理体系后，即可进行网络安全的日常维护了。网络安全的日常维护与线路或设备的维护有很大区别，安全维护的工作重点一般都在网络接入中心环境内。

任务实施

网络安全维护是一项日常性的工作，并不是说网络设备、服务器配置好了就绝对安全了，操作系统和一些软件的漏洞是不断被发现的，比如冲击波、震荡波病毒就是利用系统漏洞，同样利用这些漏洞可以溢出得到系统管理员权限，Server-u的提升权限漏洞也可以被利用。在这些漏洞未被发现前，大家总是觉得系统是安全的，其实还是存在问题的，也许漏洞在未公布前已经被部分攻击者所知。在系统和应用软件我们不知道还会存在什么漏洞的今天，日常性的安全维护工作就显得尤为必要。

安全维护日常工作的注意事项如下：

1）做好基础性的防护工作。服务器在安装操作系统时，不需要的软件一律不装，多一项就多一种被入侵的可能性，安装所有补丁，选择一款优秀的杀毒软件，用来对付大多数木马和病毒。安装好杀毒软件后，设置时间段自动上网升级，设置账号和权限，设置的用户数要尽可能少，对用户的权限尽可能小，密码设置要足够强壮。对于ms SQL，也要设置分配好权限，按照最小原则分配。有的网络有硬件防火墙，当然好，但仅依靠硬件防火墙并不能阻挡所有的攻击，利用反向连接型的木马和其他的办法还是可以突破硬件防火墙的阻挡的。对于对互联网提供服务的服务器，软件防火墙的安全级别设置为最高，然后仅开放提供服务的端口，其他一律关闭，对于服务器上所有要访问网络的程序，现在防火墙都会给予提示询问是否允许访问。根据情况，对于系统升级、杀毒软件自动升级等有必要访问外网的程序可加到防火墙允许访问列表。这样，那些反向连接型的木马就会被防火墙阻止，这样至少系统多了一些安全性的保障，入侵也就多一些阻碍。

2）修补所有已知的漏洞，要养成良好的习惯，就是经常去关注、了解自己的系统。补丁是否安装、论坛程序是否还有漏洞，每一个漏洞几乎都是致命的，系统开了哪些服务，开了哪些端口，目前开的这些服务中有没有漏洞可以被黑客应用，经常性地了解当前黑客攻击的手法和可以被利用的漏洞，检查自己的系统中是否存在这些漏洞。作为网络的维护人员，应该经常关注这些技术，自己可以用一些安全性扫描工具进行检测，或用当前比较流行的入侵工具检测自己的系统是否存在漏洞，发现漏洞及时修补。

3）服务器的远程管理。如果需要进行服务器的远程管理，那么这个端口就对外开放了，黑客也可以用，所以也要进行防护。具体办法可以用证书策略来限制访问者或限制能够访问服务器终端服务的IP地址。当然，也可以用其他的远程管理软件进行远程管理。

4）另外一个容易忽视的问题是网络整体安全容易被整个网络中最薄弱的环节所攻破，这就是业内熟知的木桶原理。服务器配置得很安全，但网络存在其他不安全的机器，整体网络还是容易出现问题。例如，利用被控制的网络中的一台机器做跳板，可以对整个网络进行渗透攻击，所以安全配置网络中的所有机器很有必要。

5）即使大家经过层层防护，系统也未必就绝对安全。最关键的一点还是关注安全业

内的最新动态，及时了解和学习。对于攻击技术也要有一定的了解，因为攻防本身就是一体的，当然，学习的目的并不是去攻击他人的网站，而是了解攻击方法，更好地做好防护。

6）选用安全的密码。据统计，大约80%的安全隐患是由于密码设置不当引起的。用户密码应包含大小写，最好能加上字符串和数字，综合使用能够达到更好的保密效果。不要使用用户姓名、常用单词、生日和电话号码作为密码。密码应定期修改。建立账号锁定机制，一旦同一账号密码校验错误若干次即断开连接，并锁定该账号。

7）实施存取控制。主要是针对网络操作系统的文件系统的存取控制。存取控制是实现内部网络安全的重要方面，包括人员权限、数据标识、权限控制、控制类型和风险分析等内容。

8）定期分析系统日志。日志文件不仅在调查网络入侵时十分重要，它们也是用最少代价来阻止攻击的办法之一。

9）排除人为因素。要制定一套完整的网络安全管理操作规范。面对网络安全的脆弱性，除了在网络设计上增加安全服务功能，完善系统的安全保密措施外，还必须花大力气加强网络安全管理规范的建立，因为诸多的不安全因素恰恰反映在组织管理和人员录用等方面，而这又是计算机网络安全所必须考虑的基本问题，所以应引起各计算机网络应用部门领导的重视。

10）利用网络管理软件对整个局域网进行动态监控，发现问题及时解决。网络管理和网络安全本来就是分不开的，管理和安全是相辅相成、相互促进的。

11）对经常攻击网络的地址进行扫描，这样做有两个目的：①对攻击者进行震慑和警告，表示我们是具备"反击"能力的；②逐步分析锁定攻击者，收集证据为以后诉诸法律做准备。

12）谨慎使用Internet上的共享资源。对于Internet上的许多共享资源，类似软件、空间等，在使用前要考虑其安全性和可靠性，不能掉以轻心。尤其要记住即使是在Internet上也绝对没有"免费的午餐"。

13）做好数据的备份工作。有了完整的数据备份，在遭到攻击或系统出现故障时才可能迅速恢复系统。

14）使用防火墙。防火墙分为包过滤级防火墙和应用网关防火墙。包过滤级防火墙一般是具有很强报文过滤能力的路由器，可以通过改变参数来允许或拒绝外部环境对站点的访问，但其对欺骗性攻击的保护很脆弱。应用代理防火墙的优势是它们能阻止IP报文无限制地进入网络，缺点是开销较大且影响内部网络的工作。

在网络的边界安装了防火墙、桌面上安装了防病毒和防间谍软件工具、使用加密技术发送和保存数据。此外，各大安全公司不断增强安全工具和补丁程序……网络的安全似乎没有问题了，但果真如此吗？针对不断变化的安全维护工作还是不能掉以轻心，并且杜绝一些不安全的习惯操作和习惯思维。下面就将网络安全维护中存在安全隐患的习惯操作和习惯思维进行简单的总结。

1）在没有加密的电子邮件中发送敏感信息：绝对不要在没有加密的电子邮件中发送密码、个人识别号码和账户信息。

2）密码的限制过于严格：在一些提供类似银行服务的网站上存在这样一些问题，网站对密码的限制过于严格，这样让实际情况更不安全。例如，很多密码要求是6个字符的数字，这类密码限制实在是太基础了，这种密码很可能给攻击者留下可乘之机。

3）低估了测试的重要性：即使安全方面的专家也不是了解所有问题，他们也有其擅长的领域。同行评议在安全方面被认为是较可靠的保证，只有在外部的安全专家对计划进行评估后，才能确认它是不是真正的有效。

4）防火墙会让系统固若金汤：防火墙功能再好，经过它们的IP数据痕迹照样能够被读取。黑客只要跟踪内部系统网络地址的IP痕迹，就能了解服务器及与它们相联的计算机的详细信息，然后利用这些信息钻网络漏洞的空子。这要求网络维护人员不仅要确保自己运行的软件版本最新、最安全，还要时时关注操作系统的漏洞报告，时时密切关注网络，寻找可疑的活动迹象。此外，维护人员还要对使用网络的最终用户给出明确的指导，建议用户不要安装没有经过测试的新软件，不要打开电子邮件中的可执行附件，如果没有必要尽量不要配置自己的远程访问程序，不要随便接入不熟悉的无线接入点等。

5）黑客不理睬过时的软件：一些人认为，如果运行过时的系统，就不会成为黑客的攻击目标，因为黑客只盯住使用较为广泛的软件，而这些软件的版本比自己正在用的版本新。事实并非如此，对黑客来说，最近没有更新或没有打上补丁的服务器是一个常见的攻击点。许多旧版本的服务器也会遭到攻击。

6）Mac机很安全：许多人还认为，自己的Mac系统不容易遭到黑客的攻击。但是，赛门铁克公司最近发布的一份报告发现，Mac OS同样存在各种漏洞，这些漏洞同时存在于PC版本和移动版本中。

7）软件补丁让每个人更安全：有些工具可以让黑客对微软通过其Windows Update服务发布的补丁进行"逆向工程"。通过比较补丁出现的变化，黑客就能摸清补丁是如何解决某个漏洞的，然后查明怎样利用补丁。在黑客普遍使用的工具中就有Google，它能搜索并找到诸多网站的漏洞，如默认状态下的服务器登录页面。有人利用Google寻找不安全的网络摄像头、网络漏洞评估报告、密码、信用卡账户及其他敏感信息。

8）注重企业网络的安全：有些维护人员尽力防护企业网络，却不料因为用户把公司的笔记本式计算机接到家里或Wi-Fi热点地区等未受保护的网络上，结果企业网安全遭到危及。黑客甚至可以在热点地区附近未授权的Wi-Fi接入点，诱骗用户登录到网络。一旦恶意用户控制了某台计算机，就可以植入击键记录程序，窃取企业VPN软件的密码，然后利用窃取的密码随意访问网络。

作为网络维护人员，在对网络进行安全维护的过程中，要不断地更新知识，了解攻和防两个方面的新技术、新产品、新思路等，并通过这些新思路、新技术时常检验自己的习惯思维和习惯操作，不要让这些习惯成为安全维护的隐患。

天网防火墙采用软硬一体化的设计，是具备高安全性和高性能网络安全系统，同时提供强大的访问控制、身份认证、网络地址转换、信息过滤、虚拟专用网（VPN）、DoS（Denial of Service）防御、流量控制、虚拟防火墙等功能的防火墙系统。考虑到各种用户的需求，天网把防火墙分为各人版、企业版、电信版和千兆版4个类别。个人版SkyNet FireWall（以下简称为天网防火墙）是由广州众达天网技术有限公司研发制作给个人用户使用的网络安全程序。

天网防火墙是国内外针对个人用户最好的中文软件防火墙之一，在目前网络受攻击案件数量直线上升的情况下，用户随时都可能遭到各种恶意攻击，这些恶意攻击可能导致的后果是上网账号被窃取、冒用、银行账号被盗用、电子邮件密码被修改、财务数据被利用、机密档案丢失、隐私曝光等，甚至攻击者能通过远程控制删除硬盘上所有的资料数据，使整个计算机系统架构全面崩溃。为了抵御各类攻击可以安装天网防火墙个人版，它可以拦截一些来历不明的访问或攻击行为。

网防火墙根据管理者设定的安全规则把守网络。天网防火墙把网络分为本地网和互联网，可针对来自不同网络的信息设置不同的安全方案，适用于任何方式上网的用户。

1. 天网防火墙安全设置向导

1）天网防火墙安全级别设置：天网防火墙个人版的默认安全级别为"中"，适合家庭等一些个人上网用户。如果对网络协议比较了解，则建议设置为"自定义"级别，如图2-68所示。

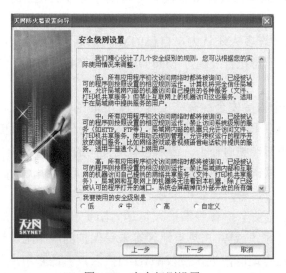

图2-68　安全级别设置

2）局域网信息设置：如果是局域网用户，则可以把各人的局域网IP地址添加上，用以防止来自局域网内部的攻击，如图2-69所示。

3）常用应用程序设置：在Windows 操作系统中，有许多正常的网络程序，可以在这里预先设置允许这些程序访问网络，如图2-70所示。

图2-69　添加IP地址　　　　　　　　　　　图2-70　应用程序选择

2．防火墙的设置

（1）应用程序规则设置

1）基本设置：天网防火墙个人版由对应用程序数据传输封包进行底层分析拦截功能，它可以控制应用程序发送和接收数据传输包的类型、通信端口，并且决定拦截还是通过，如图2-71所示。

在天网防火墙个人版运行的情况下，任何应用程序只要有通信传输数据包发送和接收动作，都会被天网防火墙个人版先截获分析，并弹出警告信息，询问是允许通过还是禁止通过，如图2-72所示。

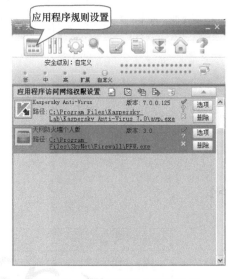

图2-71　应用程序访问权限设置　　　　　　图2-72　警告信息

这时，用户可以根据需要决定是否允许应用程序访问网络。如果不勾选"该程序以后都按照这次的操作运行"复选框，那么天网防火墙个人版在以后会继续截获该应用程序的数据传输数据包，并且弹出警告信息。如果勾选此复选框，则该应用程序将自加入应用程序列表中，可以通过应用程序设置来设置更为详尽的数据传输封包过滤方式。

2）高级设置：单击"应用程序规则"面板，可见面板中对应每一条应用程序规则都有 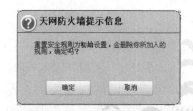 这个按钮，单击"选项"即可激活应用程序规则高级设置页面，如图2-73所示。

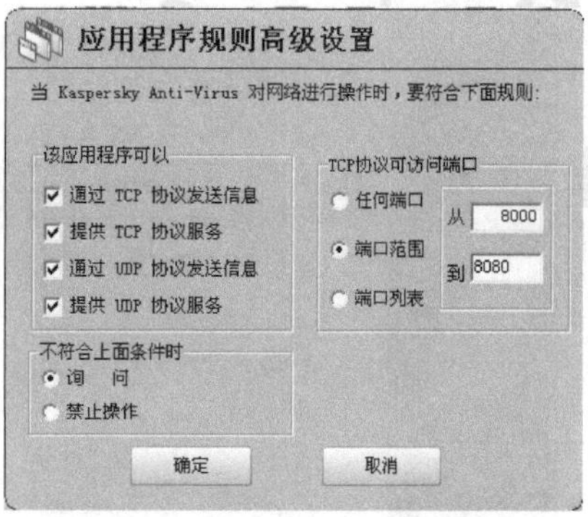

可以设置该应用程序禁止使用TCP或UDP传输，以及设置端口过滤，让应用程序只能通过固定几个通信端口或一个通信端口范围接收和传输数据。设置时，可以选中"询问"或"禁止操作"单选按钮。

图2-73　应用程序规则高级设置

对应用程序发送数据传输包的监控，可以了解系统目前有哪些程序正在进行通信，如现在有一些共享或试用软件会在执行的时候从预先设定好的服务器中获取一些广告信息，还有一些恶意的程序会把个人隐私信息发送出去，此时可使用天网防火墙个人版禁止这些未经我们同意的程序进行数据通信操作。另外，特洛依木马也是一样的，天网防火墙个人版可以察觉到攻击者对特洛依木马的控制通信。

（2）系统设置

1）系统基本设置，如图2-74所示。

①1启动：选中开机后自动启动防火墙，天网防火墙个人版将在操作系统启动时自动启动，否则需要手工启动。

②规则设定：单击"重置"按钮，防火墙将弹出提示信息，如图2-75所示。如果单击"确定"按钮，则天网防火墙将把防火墙的安全规则全部恢复为初始设置，用户对安全规则的修改和加入的规则会被全部清除。

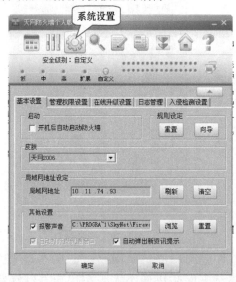

图2-74　系统设置

图2-75　提示信息

网络维护与故障解决

③局域网地址设定：设置在局域网内的IP地址。注意，如果计算机是在局域网中使用，则一定要设置好这个地址。因为防火墙会以这个地址来区分局域网或Internet的IP来源。

2）管理权限设置。

①密码设置：允许用户设置管理员密码，保护防火墙的安全设置。用户可以设置管理员密码，防止未授权用户随意改动设置或退出防火墙等，图2-76所示。

②应用程序权限：勾选"允许所有的应用程序访问网络，并在规则中记录这些数据"复选框后，所有的应用程序对网络的访问都默认为通行不拦截，这适合在某些特殊情况下，不需要对所有访问网络的应用程序都做审核的时候，如运行某些游戏程序时。

（3）在线升级设置

用户可根据需要选择有新版本提示的频度。为了更好地保障系统安全，防火墙需要及时升级程序文件，因此，建议把在线升级设置为"有新的升级包就提示"，如图2-77所示。

图2-76　管理权限设置

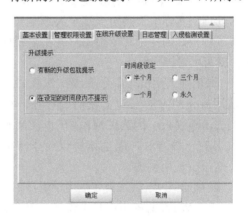

图2-77　在线升级设置

（4）日志管理

用户可根据需要设置是否自动保存日志、日志保存路径、日志大小和提示。勾选"自动保存日志"复选框，天网防火墙将会把日志记录自动保存，默认保存目录为C:\Program Files\SkyNet\FireWall\log，可以单击"浏览"按钮设定日志的保存路径。还可以通过拉动"日志大小"里的滑块在1~100M之间选择保存日志的大小，如图2-78所示。

（5）入侵检测设置

勾选"启动入侵检测功能"复选框，在防火墙启动时入侵检测开始工作，不勾选则关闭入侵检测功能。当开启入侵检测时，检测到可疑的数据包后，防火墙会弹出入侵检测提示窗口，如图2-79所示。

勾选"检测到入侵后，无须提示自动静默入侵主机的网络包"复选框，当防火墙检测到入侵时则不会再弹出入侵检测提示窗口，它将按照用户设置的默认静默时间，禁止此IP，并记录在入侵检测的IP列表里。用户可以在"默认静默时间"选项区域内设置静默3min、10min和始终静默。在入侵检测的IP列表里用户可以查看和删除已经禁止的IP，单击"保存"按钮后操作生效，如图7-12所示。

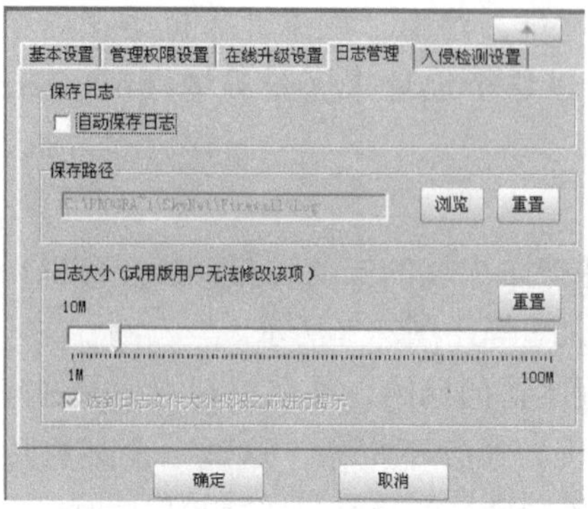

图2-78 日志管理 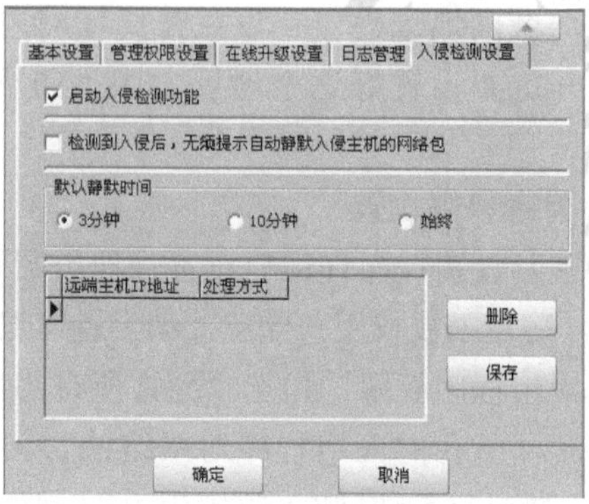　　　　　　　　　　　　　图2-79 入侵检测设置

3．IP规则管理

操作界面如图2-80所示。这里只介绍其中比较重要的几项。实际上天网防火墙个人版本身已经默认设置了相当好的规则，一般用户并不需要做任何修改，就可以直接使用。

1）防止别人用ping命令探测：选择时，即别人无法用ping的方法来确定我们的存在，但不影响我们去ping别人。因为ICMP现在也被用来作为蓝屏攻击的一种方法，而且该协议对于普通用户来说，是很少使用到的。

2）防御IGMP攻击：IGMP是用于组播的一种协议，对于MS Windows的用户是没有什么用途的，但现在也被用来作为蓝屏攻击的一种方法，建议选择此设置，不会对用户造成影响。

3）TCP数据包监视：通过这条规则，可以监视机器与外部之间的所有TCP连接请求。注意，

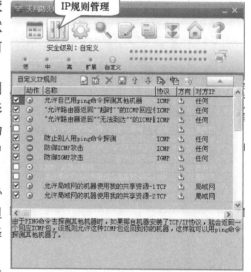

图2-80 IP规则管理操作界面

这只是一个监视规则，开启后会产生大量的日志，该规则是给熟悉TCP/IP网络的人员使用的，如果不熟悉网络，则不要开启。这条规则一定要是TCP规则的第一条。

4）禁止互联网上的机器使用我的共享资源：开启该规则后，别人就不能访问我们的共享资源，包括获取我们的机器名称。

5）禁止所有人连接低端端口：防止所有的机器和自己的低端端口连接。由于低端端口是TCP/IP的各种标准端口，几乎所有的Internet服务都是在这些端口上工作的，所以这是一条非常严厉的规则，有可能会影响某些软件的使用。如果需要向外公开特定的端口，则在本规则之前添加使该特定端口数据包可通行的规则。

6）允许已经授权程序打开的端口：某些程序，如QQ、视频电话等软件，都会开放一些端口，这样，我们的同伴才可以连接到我们的计算机上，本规则可以保证这些软件能正常工作。

7）禁止所有人连接：防止所有的计算机和自己连接。这是一条非常严厉的规则，有可能影响我们使用某些软件。如果需要向外公开特定的端口，请在本规则之前添加使该特定

网络维护与故障解决

端口数据包可通行的规则。该规则通常放在最后。

8）UDP数据包监视：通过这条规则，可以监视机器与外部之间的所有UDP包的发送和接受过程。注意，这只是一个监视规则，开启后可能会产生大量的日志，平常最好不要打开。这条规则是给熟悉TCP/IP网络的人员使用，如果不熟悉网络，则不要开启。这条规则一定要是UDP规则的第一条。

9）允许DNS（域名解析）：允许域名解析。注意，如果拒绝接收UDP包，则一定要开启该规则，否则无法访问互联网上的资源。

此外，天网防火墙还设置了多条安全规则，主要针对现在一些用户对网络服务端口的开放和木马端口的拦截。其实，安全规则的设置是系统最重要、也是最复杂的地方。如果不太熟悉IP规则，则最好不要调整它，可以直接使用默认的规则。如果熟悉IP规则，则可以非常灵活地设计合适自己使用的规则。

4．所有应用程序的网络使用情况

用户不但可以控制应用程序访问权限，还可以监视该应用程序访问网络所使用的数据传输通信协议和端口等。通过天网防火墙个人版提供的应用程序网络状态功能，用户能监视所有开放端口连接的应用程序及它们使用的数据传输通信协议，任何不明程序的数据传输通信协议端口，如木马等，都可以在应用程序网络状态下一览无遗，如图2-81所示，图中╳为结束进程键，当用户发现有不法进程而要终止其运行时，可以利用此键来结束进程。

5．日志管理

如图2-82所示，天网防火墙个人版将会把所有不合规则的数据传输封包拦截并且记录下来，如果选择了监视TCP和UDP数据传输封包，那自己发送和接受的每个数据传输封包也将被记录下来。每条记录从左到右分别是发送/接受时间、发送IP地址、数据传输封包类型、本机通信端口、对方通信端口、标志位。

天网防火墙个人版把日志进行了详细的分类，包括系统日志、内网日志、外网日志、全部日志。可以通过单击日志旁边的下拉菜单中选择需要查看的信息。在图中，▦和╳分别为保存日志和清除日志按钮。

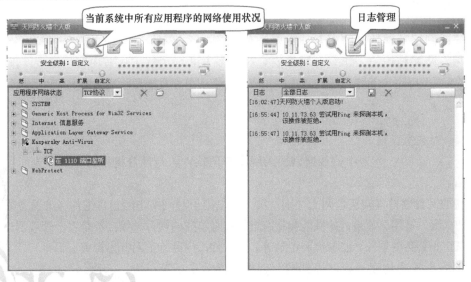

图2-81　端口监听　　　　　　　　　　　图2-82　日志查看

项目5
网络管理和整体网络维护思想 ■■■■■■■■

项目情景 ●●

　　随着网络维护工作的全面开展，网络维护的任务量也越来越大，而且网络的日常维护还只是网络维护人员的一项工作，另一项重要的工作就是网络故障解决，这也是维护人员的工作范畴。针对越来越大的工作量，学校考虑引入网络管理软件来减轻维护人员的维护工作量。学校让小李写一份引入网络管理软件的可行性报告来验证学校现有网络是否需要引入网络管理软件。除此之外，因为这段时间的工作表现很好，学校想让小李对网络维护工作进行简单的总结并制订一份校园网网络维护方案。

项目描述 ●●

　　这两项任务看似是两份文案工作，其实不然。针对网络管理软件引入的可行性分析是了解熟悉网络管理软件的一个过程，当然这个过程需要在充分了解所需维护的网络自身各项参数的前提下展开。而且网络管理也是网络维护的必要组成部分，网络管理软件可以更好地实现网络管理，为网络维护提供更好的保障。整体网络维护方案的生成可以考验维护人员的整体网络维护思想是否合理，这也是对前面几个任务分散开的网络维护思想和方法的一个总结。

任务1　了解网络管理的作用

任务分析

　　要完成网络管理软件的引入，需要针对网络进行全方位的分析，充分了解网络设备、网络应用、网络维护的工作量、网络安全等很多方面。了解了这些内容后还要了解网络管理软件的相关知识。结合这两项内容才能生成一份切实可行且能反映真实情况的可行性分析。

任务实施

××学校校园网引入网络管理软件可行性分析报告

前言：

　　常说的网管软件其实包含两大类别，第一类是用于对网络中所包含组件（如服务器、路由交换、防火墙、链路、流量）的性能和状态进行实时监控的软件。第二类是用于管理用户上网行为（如禁止安装某种软件、监控上网记录等）的软件，也称为上网行为管理。

　　从网络维护的角度来看，提到网管软件，通常是指第一类，即网络性能监控与管理软件。但是在我国，有时把网管软件理解为第二类。因为很多的企业主希望通过限制网络的使用，达到管理员工行为的目的。而在国外，企业IT/网络管理员通常会采用网管软件，目的是为员工提供稳定可靠的网络环境。因此，在我国有庞大的上网行为管理工具市场和生成厂商，现在业内更倾向于将行为管理列入网络安全范畴而不是网络管理范畴。本书不是专门介绍网络安全内容的，所以我们也将重点放在第一类网络管理软件方向上。

即使是第一类网络管理软件也分为节点产品和全网管理产品两大类。节点产品的重点是管理网络的某一个或多个节点。例如，交换机、路由器或网络安全设备以及服务器等。全网管理产品可以实现全网范围内的所有节点的管理工作。

网络管理软件分析

（1）网络管理软件能实现的功能

一般而言，网络管理有五大功能，即故障管理、配置管理、性能管理、安全管理和计费管理。目前有影响的网络管理协议是SNMP（Simple Network Management Protocol，简单网络管理协议）、CMIS/CMIP（the Common Management Information Service/Protocol，公共管理信息服务和协议）和RMON（远程监控）。

（2）网络管理软件的选购原则

用户在选购网管软件时，必须结合具体的网络条件，网络管理软件用于辅助日常网络管理，提高管理效率，所以选择的软件应该体现有效管理原则。一般来说，选择网络管理软件可以遵循以下原则。

1）以网络应用为中心，结合企业网络规模，这是购置网络管理软件的基本出发点。网管软件应能够根据应用环境及用户需求提供端到端的管理。要结合考虑企业网络未来可能的发展并与企业现存应用相配合。

2）网络管理软件应该具有可扩展性，并支持网络管理标准。扩展性还可包括具有通用接口，供企业内部进行二次开发，并支持SNMP、RMON等协议。

3）多协议支持和支持第三方管理工具。多协议支持指可以提供TCP/IP、IPX、AppleTalk、SNA等各种网络协议的监控和管理。有些网络设备需要特殊第三方工具进行管理，因此网管软件也应该支持和这些第三方工具交换数据。

4）使用说明详细，使用方便，可以快速进行参数配置和设置数据视图。

中小企业比较倾向集中式的网络管理，除了以上考虑点外，还要考虑管理成本低廉和维护便捷等因素；大型企业的网络管理系统应更具专业化和智能化，能自动分析数据、评价配置、网络模拟和资源预测等。无论何种规模的企业，不能认为只要安装了网络管理系统就万事大吉了，必须从网络管理的角度来认识和维护网络，网络管理系统只是网络管理的一个方面，还要结合人员专业水平、管理制度和其他辅助网络工具等。

（3）网络管理软件引入的时间段

网络管理由于其特殊性适合在网络建设初期引入或在网络进行全面升级换代时期引入。因为这两个时期都面临着网络的规划和应用的设计，这些阶段方便实现网络管理软件和网络构建之间的相互兼容和匹配。而且在这些阶段还可以实现网络管理软件和网络构建相互促进。

（4）常见的网络管理软件分类

第一代网络管理系统就是最常用的命令行方式，并结合一些简单的网络监测工具，它不仅要求使用者精通网络的原理及概念，还要求使用者了解不同厂商的不同网络设备的配置方法。这种方式的优点是具有很大的灵活性，缺点是风险系数增大，容易引发误操作，且不具备图形化和直观性。

第二代网络管理系统有着良好的图形化界面，用户无须过多了解设备的配置方法，就能图形化地对多台设备同时进行配置和监控，大大提高了工作效率，但仍然存在由于人为因素造成的设备功能使用不全面或不正确的问题。另外，还提供配置和监视功能以及基本的故障排除功能。

第三代网络管理系统相对来说比较智能，是真正将网络和管理进行有机结合的软件系统，具有"自动配置"和"自动调整"功能，对网络管理人员来说，只要把用户情况、设备情况以及用户与网络资源之间的分配关系输入网管系统，系统就能自动地建立图形化的人员与网络的配置关系，并自动鉴别用户身份，分配用户所需的资源（如电子邮件、Web、文档服务等）。同时，整个企业的网络安全得以保证。因此第三代网络管理系统是企业级的管理平台，由多个软件包构成，涉及OSI全部七层协议集。

虽然网络管理系统发展到了第三代，但并不等于前二代系统已经淘汰，如何选择在于用户具体的网络管理需求，这三代系统分别适用于不同的网络规模和网络应用，系统结构越趋同，所需的网络管理系统就越简单。而复杂的异构环境则需要完全成熟的企业管理软件。

从市场占有率的角度，将常见的网络管理软件分为以下几个梯队。

第1梯队：IBM、HP、CA、BMC，这4家被称为IT管理的Big 4（四大厂商）。在网络管理领域拥有绝对的领导地位，产品的功能较完整、复杂程度较高，主要面向大客户。

第2梯队：ManageEngine、Solarwinds，被称为网络管理的两小金刚。以产品的全面性、易用性、实用性、经济性著称，主要面向企业级客户市场，且早已进入国内市场。

第3梯队：华为、H3C、锐捷等传统的网络设备厂商。通过自主研发或OEM方式构造网络管理系统，主要通过网络设备+网管软件，推动自己的数据中心整体解决方案。

第4梯队：北塔、摩卡、游龙、广通、网强、美信等国内厂商。功能上差异不大，这些产品在界面上做得颇有特色，主要面向政府、军工、交通等限制性行业。

（5）校园网分析

某校校园网主要是为了教师备课、办公和学生上网学习等应用服务，对外只提供学校网站浏览服务，且校园网建设时间很长，存在阶段性升级。网内设备类型比较多，可管理设备和非智能设备共存。网络设备厂商也很多，关键设备都在网络中心和分接入中心进行配置。教师办公享有网内固定IP地址，采用10.11.0.0网段，各实训机房采取NAT方式进行连接，机房内机器采用192.168.1.0网段。学校核心数据量小，财务部门有独立的专网。针对网络安全存在防火墙等安全设备，网络安全问题引发的网络故障并不多见，但是由于网络行为导致的网络使用率低和带宽被占用的情况较多。

（6）校园网管理需求

因为校园网功能目的很明确，且校园网内不存在任何支撑业务，不存在计费管理等要求，所以针对业务管理和计费管理并无需求。

校园网网络故障发生次数有限，主要网络故障分布在单机故障和通信介质故障方面，这两类故障网络管理软件不具备管理功能。

校园网内网络设备涉及4类生产厂商，核心设备都具备单点网络管理功能。网内非智能交换设备数量很多，难以进行网络管理。

校园网处于运作正常阶段，暂时没有升级校园网和增加核心应用的需求。针对校园网内部网络速度和外部速度的需求，可以通过更换传输介质和购买更大的带宽来实现，此项功能与网络管理无关。

针对上网行为管理的需求比较强烈，针对学生上网要进行网站和功能的限制和甄别；针对教师上网要进行带宽占用的控制。

现有网络维护人员配备合理，完全可以胜任现有的网络维护工作。维护的工作量在合理的范围内，暂时不需要增加网络维护人员的数量。

结论：

针对上述分析，认为暂时不需要第一类的网络管理软件，而且第一类网络管理软件价格很高，并不适合学校性质的中小型网络。但是，学校网络如能引入管理类设备，必将提升现有网络的使用率且保证网络带宽。

必备知识

随着网络的蓬勃发展和应用的不断深入，越来越多的单位认识到，除了依靠网络设备本身和网络架构的可靠性之外，网络管理是一个关键环节，网络管理的质量会直接影响网络的运行质量，管理好一个网络与网络的建设同等重要。网络管理是保证计算机网络，特别是网络正常运行的关键因素。结构越来越复杂和规模越来越大的网络系统需要使用一些网络工具，如网络管理软件，以保证网络的正常运行。

网络管理软件用来保证系统的正常运行，有一个合适的网管系统软件来监控管理网络，就可实时查看全网的状态，检测网络性能可能出现的瓶颈，并进行自动处理或告警显示，以保证网络高效、可靠地运转。网络管理软件已成为网络必不可少的一部分，这是网络管理软件需求的直接动力。

网络管理就是指监督、组织和控制网络通信服务以及信息处理所必需的各种活动的总称，其目标是确保计算机网络的持续正常运行，并在计算机网络运行出现异常时能及时响应和排除故障。关于网络管理的定义目前很多，但都不够权威。一般来说，网络管理就是通过某种方式对网络进行管理，使网络可以正常、高效地运行。其目的很明确，就是使网络中的资源得到更加有效的利用。

在OSI网络管理标准中定义了网络管理的五大功能，即配置管理、性能管理、故障管理、安全管理和计费管理，这五大功能是网络管理最基本的功能。事实上，网络管理还应该包括其他一些功能，如网络规划和网络操作人员的管理等。

1. 配置管理

配置管理的功能包括自动发现网络拓扑结构，构造和维护网络系统的配置。监测网络被管理对象的状态，完成网络关键设备配置的语法检查，配置自动生成和自动备份系统，对于配置的一致性进行严格的检验。

2. 性能管理

性能管理包括采集、分析网络对象的性能数据，监测网络对象的性能，对网络线路质量进行分析。同时，统计网络运行状态信息，对网络的使用发展做出评测和估计，为网络进一步规划与调整提供依据。

3. 故障管理

故障管理包括过滤、归并网络事件，有效地发现、定位网络故障，给出排错建议与排错工具，形成整套的故障发现、告警与处理机制。

4. 安全管理

安全管理包括组合使用用户认证、访问控制、数据传输、存储的保密与完整性机制，以保障网络管理系统本身的安全。维护系统日志，使系统的使用和网络对象的修改有据可查。控制对网络资源的访问。

5. 计费管理

计费管理包括对网际互联设备按IP地址的双向流量统计，产生多种信息统计报告及流量对比，并提供网络计费工具，以便用户根据自定义的要求实施网络计费。

温馨提示

SNMP（Simple Network Management Protocol），即简单网络管理协议，是使用户能够通过轮流询问、设置关键字和监视网络事件来达到网络管理目的的一种网络协议。它是一个应用层的协议，而且是TCP/IP族的一部分，工作于用户数据报文协议（UDP）上。SNMP的基本功能包括监视网络性能、检测分析网络差错和配置网络。网络管理员利用SNMP配合如HP OpenView、Novell NMS及IBM NetView管理工具，就可以监测并控制网络上的远程主机。SNMP管理系统及代理组成分布式结构，在主机要求下或重大事故发生时，SNMP服务可以将状态信息发送到一个或多个主机上。

任务2 熟悉网络行为管理的作用

任务分析

短短的十年，网络跨越了从简单连接、局域网、广域网直到今天的互联网的广泛应用，已经从根本上改变了人们的工作乃至生活的模式，应用领域也已经从原来的军事、科研、教育等迅速渗透到了生活和工作的每个角落，其应用也从原来简单的传送文档、发送邮件等扩展到了即时音频视频的传送、跨区域跨国界的办公、网上购物、网上销售、网上新闻等，几乎涵盖人们生活和工作的各个领域。现在的企业、现在的个人对网络的应用已经产生了深深的依赖，甚至是无法离开的程度。互联网应用的迅速发展不仅改变了企业和个人的交流方式、工作模式、经营模式，同时也给企业和个人带来了巨大

网络维护与故障解决

的商业机会，仅在中国直接发生的电子商务交易就超过了万亿元人民币，这还不包括互联网本身产业所带来的商业和就业机会，人们通过互联网的应用提高了企业的竞争力、管理水平、沟通能力。

但在给企业和个人带来巨大利益和机会的同时，互联网信息的爆炸性发展也带来了很多人们始料未及的负面影响，如病毒的迅速传播，危及个人、企业，甚至是国家安全的信息泄露。员工利用公司的网络资源，在工作时间从事网络游戏、无效下载、网上购物、聊天等与职务无关的负效率网络行为。这些都对企业的发展带来无法估量的无形和有形的利益损失。

尽管如此，由于企业或个人都从互联网应用中得到了巨大的便利和利益，所以任何一个聪明的管理者都不会因为这些而去拒绝或排斥互联网的使用，由此给企业网络管理带来了一个全新的课题，就是如何让网络带来的利益最大化，让无效的网络行为和有害行为降低到最低程度，这些都必须通过有效的技术手段来对网络的应用行为加以规范，当然规范并不意味着"闭关"，这就是现在广泛讨论的"雇员上网行为管理（Employee Internet Management）"。

任务实施

多数企业或多或少制定过使用互联网的规定，但却由于没有一套完善的实施机制确保制度得到执行。用传统行政手段告知网络操作者，往往会遇到较大抵触，网络行为管理系统的应用策略能在不违反国家相关法律法规的前提下，相对柔性地通过技术手段加载在公司的互联网应用中，从而避免了通过行政手段强制实施的尴尬，使得公司对互联网使用的管理策略变得更具备实施性和实时性。大大降低员工因为不正当使用互联网资源而受到企业处罚或解雇等事件的发生。

那么网络行为管理的作用到底有哪些呢？这些功能对网络有什么帮助呢？下面简单地做一个介绍。

1．提高员工的工作效率

国际顶级调查机构调查结果显示，不低于40%的雇员的网络行为对于企业来说属于非职务行为，大量的网络行为不仅是无效，更严重的是伴随雇员对有害网站的访问，将大量有害信息带回企业网络内部，如木马、蠕虫等，这些对网络的资源消耗往往对企业的网络资源是致命性的，完全有可能导致企业的网络崩溃、关键数据流失、管理系统崩溃，从而给企业带来不可估算的损失。调查结果和经验显示，尽管企业和个人计算机装备了防火墙、防病毒、反垃圾邮件、入侵检测等先进的被动式防御系统，但能够有效防范的病毒等内容仅是危害发生总数的30%左右，而更多的病毒伤害都来自于雇员本身的不良和不当上网行为，而网络行为管理系统将来自于雇员上网行为带来的危害遏制在了源头，因此业内也将这个系统称为"主动式网络安全防御系统"。

2．避免网络资源过度投资

通过过滤大量占用带宽的文件及应用，如流媒体、MP3下载，网络行为管理系统可以将有效带宽充分用于企业的核心业务，通过提高个人业务应用系统的效率，使企业避免了网络资源的过度投资，利用有限的网络资源投资在企业的核心应用上，以发挥其最大作用。

3. 防止企业机密信息泄漏

网络行为管理系统提供的邮件纪录、审计、拦截等功能可以使企业雇员有意或无意地将企业机密信息透露出去的风险得到有效控制，在应用中也可以采用分级审计和责任担当制度，这些都能对这类行为形成充分制约和震慑，从而保证了企业核心机密的安全。

4. 降低企业的法律风险

网络行为管理系统通过网址访问控制的应用策略限制了员工对色情、暴力、反动等企业禁止或不希望的网址的浏览。通过对邮件、论坛等的关键字双向控制来避免员工对外的网络违法行为的发生，也控制了外部访问对企业网站论坛、邮件系统的攻击，从而避免了因为这些与互联网有关的活动有可能会导致公司的法律诉讼，同时对自己的雇员也是一种保护机制。

必备知识

网络行为管理系统的所有功能都是面向企业管理人员而设计的，其目的是为了解决企业雇员的网络行为管理。理想的设计应该包括以下功能。

1. 上网情况实时监控功能

可以通过浏览器实时查看用户当前的上网情况，既即可以实时查看全部人员的情况，也可以查看其中某一个人的情况。例如，进行实时监控并记录最新的访问Internet的情况、查看当前网站的访问情况、查看当前在线用户情况、查看当前和一段时间内网络的出口流量情况等。

2. 上网历史记录查询功能

可以查询前一段时间内用户的详细上网记录和Web访问记录；按各种条件查询用户访问Internet的记录；按各种条件查询用户访问Web的记录。

3. 提供多种上网控制策略功能

可以控制所有用户或指定的用户能否连接Internet，并规定允许上网的时间、访问的网站及可以使用的Internet服务等。例如，按照日期类型（如工作日、非工作日）和时间段（如上午9:00到下午6:00）控制上网；按网址、通配符控制访问的网站（如禁止网址中包含qq的网站）；根据Internet的服务类型控制能否使用（如能否使用邮件、MSN、FTP、WWW服务等）；控制用户可以访问的IP地址或端口号（如可以封掉某些IP地址及端口）。

4. 上网情况统计功能

可以统计在指定时间内上网的情况，包括流量和连接时间等。可以按服务方式进行分类统计，如可以统计某个人在指定的时间内邮件系统的使用情况、网站的浏览时间、QQ的使用时间等。还包括上网流量和时间分类统计、用户Web访问情况统计、用户上网时间和流量统计。

5. 上网情况分析功能

以图表的方式对局域网内的人员的上网行为进行分析，包括每天上网情况的分析、访问最频繁的网站分析、上网最多的人员分析等，并提供按时间、服务、网站访问、使用网络流量等多种排行榜。

6. 内容监控功能

设定规则对在网上传送的数据内容进行监控，包括邮件的收发、BBS发贴、通过Web上传文件、MSN发送的消息内容。用户可以设定条件，系统将自动按条件对监控的内容进行分类。同时，也可以根据需要当出现敏感信息时自动通过邮件通知相关的人员。

7. 带宽管理功能

可以对用户上网的带宽进行管理。可以按网络的地址、部门及个人而设定可以使用的带宽的上限和下限，也可以按服务类型设定带宽，还可以设定不同的人及不同的服务所使用的带宽的优先级。

实战强化

通过Sniffer pro可以实施实时监控，及时发现网络环境中的故障（如病毒、攻击、流量超限等非正常行为）。在很多企业和网吧的网络环境中，网关（路由和代理等）自身不具备流量监控和查询功能，本文将是一个很好的解决方案。Sniffer pro强大的实用功能还包括网内任意终端流量实时查询、网内终端与终端之间流量实时查询、终端流量TOP排行、异常告警等。同时，将数据包捕获后，通过Sniffer pro的专家分析系统帮助用户更进一步地分析数据包，从而更好地分析和解决网络异常问题。下面通过Sniffer pro 提供的各种功能进行配合来确定客户机的具体行为，操作步骤如下。

步骤1：通过流量统计发现，10.11.73.212流量不正常，显示如图2-83所示。为了确定10.11.73.212的具体行为，首先切换至基于IP层的流量统计图中进行查看。选择主机列表可以实现，如图2-84所示。

步骤2：通过主机列表找到IP地址10.11.73.212，发现其同时连接的主机数量和通信流量都很大。

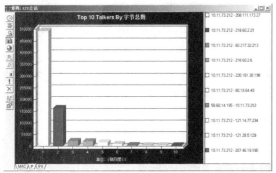

图2-83　流量统计　　　　　　　　图2-84　查看主机列表

步骤3：切换至矩阵图查看其与所有IP的通信流量，如图2-85所示。可以从10.11.73.212的通信图中看到与它建立IP连接的情况，其IP连接数目非常大，这对于普通应用终端来讲，显然不是一种正常的业务连接。我们猜测，该终端可能正在进行有关P2P类的操作，如正在使用P2P类软件进行BT下载或正在观看P2P类在线视频等。为了进一步地证明我们的猜测，下面看看10.11.73.212的流量协议分布情况。

步骤4：如图2-86所示，协议类型绝大部分为其他。在Sniffer pro中，其他表示未能识别出来协议，如果提前定义了协议类型，则这里将会直接显现出来。

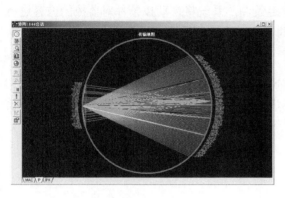

图2-85　查看通信流量　　　　　　　　图2-86　查看协议分布

步骤5：执行菜单栏中的"工具"→"选项"→"协议"命令，在第19栏中定义14405（bitcomet的默认监听端口），取名为bt，如图2-87所示。

步骤6：现在再次查看10.11.73.212的协议分布情况，如图2-88所示。现在，协议类型大部分都转换为bt，这样就可以断定，此终端正在用bt做大量上传和下载行为。

图2-87　定义协议名称　　　　　　　　图2-88　查看协议传输

注意：很多P2P类软件并没有固定的使用端口，且端口也可以自定义，因此使用本方法虽然不失为一种检测P2P流量的好方法，但并不能完全保证其准确性。可以用同样的方法监控网络内的任何一台终端，用来对其行为进行初步分析。

任务3　整体网络维护思想

任务分析

　　整体网络维护方案就是针对各项维护工作的一个简单的总结，这个总结必须在进行了所有相关的维护工作后才可以生成。这个方案所涉及的维护内容和方式方法都应经过实际工作的检验，并证明是有效和高效的。虽然整体网络维护方案的项目基本一样，但是针对不同的网络还是有不同的解决方案。所以作为技术人员，还是要亲自参加维护工作之后才可以制作这些方案。

任务实施

××学校校园网的网络维护方案

1．网络维护概述

网络是否能真正发挥效益还要看网络的维护。学校必须有网络维护员。网络维护与单机维护有重要区别，其中有大量的网络软件要维护，除了保证网内电话、电子公告牌、电子邮件实现报告、论文的无纸化传递等网络联系畅通，更重要的是保证网络提供的数据共享能力，网络维护在数据保密性上也要有保证。由于网络维护涉及的方面很广泛、涉及人员多，免不了有纰漏或出错，因此必须设立网络维护人员，并且结合制订一定的维护制度，以保证网络安全、可靠地运行。

在校园网络中，网络硬件设备、各终端数量较多，都有可能损坏。且随着师生应用学校计算机网络频度增大、水平提高，对网络的依赖性也越强，因网络故障而产生的影响面也越大，因此维护设备、保证网络正常运行的维护员相当重要。

为保证学校网络的正常运行，学校必须制订网络公约，大家来遵守，人人都有责任维持学校计算机网的运作。各网络终端都要建立奖罚制度，落实责任人，建立各教研组维护制度、各班级维护制度，让一系列行之有效的制度来保证网络的运行。

2．如何有效地维护校园网

校园网维护的主要目的是保障网络运行的质量，如维持网络传送速率、降低传送错误率、确保网络安全等。所以，校园网系统维护的技术人员可借网络维护工具或本身的技术经验来实施网络维护，内容可分为以下几项。

1）系统维护：随时掌握网络内任何设备的增减与变动，维护所有网络设备的设置参数。当故障发生时，维护人员得以重设或改变网络设备的参数，维持网络的正常运作。

2）故障维护：为确保网络系统的高稳定性，在网络出现问题时，必须及时察觉问题的所在。它包含所有节点动作状态、故障记录的追踪与检查及平时对各种通信协议的测试。

3）效率维护：目的在于评估网络系统的运作、统计网络资源的运用及各种通信协议的传输量等，更可提供未来网络提升或更新规划的依据。

4）安全维护：为防范不被授权的用户擅自使用网络资源，以及用户蓄意破坏网络系统的安全，要随时做好安全措施，如合法的设备存取控制与加密等。

5）计费维护：了解网络使用时间，能针对各个局部网络进行使用统计。可作为使用网络计费的依据，更可作为日后网络升级或更新规划的参考。

6）信息维护：网络上的信息分成两部分，一是由维护员放置的信息，它们的品质一般较高；另一部分是由用户放置的，可能会有一些问题，要对这部分信息进行维护。

3．网络维护实施

（1）网络维护员

网络维护员是网络维护的中坚力量，要选派技术能力强的网络维护人员来进行专职维护。网络维护员除了维护好网络外，还需负责培训用户等工作。

（2）实施网络维护

实施网络维护时，应抓住以下几个关键环节，选好高素质的网络维护人员并明确责任：制定严格的网络维护规章制度和操作程序、选择合适的网络维护系统、认真抓好培训工作、制订切实可行的网络维护计划和实施方案、建立并维护好各种文档。

（3）布线系统的日常维护

做好布线系统的日常维护工作，确保底层网络连接完好，这是计算机网络正常、高效运行的基础。目前，城域网和广域网之间的互联除了微波、卫星通道等无线连接方式外，室外光缆敷设仍然是唯一的有线连接途径。对布线系统的测试和维护一般借助于双绞线测试仪、规程分析仪、信道测试仪等，智能化分析仪器的使用提高了布线的维护水平和维护效率，可以更好地保证计算机网络的正常运行。

（4）关键设备的维护

无论何种规模的计算机网络，关键设备的维护都是一项相当重要的工作。这是因为，网络中关键设备的任何故障都可能造成网络瘫痪，给用户带来无法弥补的损失。校园网中的关键设备一般包括网络的主干交换机、中心路由器以及关键服务器。对这些关键网络设备的维护，除了通过网络管理软件实时监测其工作状态外，更要做好它们的备份工作。对主干交换机的备份，目前似乎很少有厂商能提供比较系统的解决方案，因而只有靠网络维护员在日常维护中加强对主干交换机的性能和工作状态的监测，以维护网络主干交换机的正常工作。

（5）IP地址的维护

在TCP/IP已经成为事实上的工业标准的今天，TCP/IP网络中的任何一台工作站都要有一个合法的IP地址才能正常工作。在构建、规划计算机网络时，应做好机构内部各部门对上网业务的需求调查和统计，确定计算机网络规模。IP地址维护得当与否，是计算机网络能否保持高效运行的关键。如果IP地址的维护手段不完善，则网络很容易出现IP地址冲突，就会导致合法的IP地址用户不能正常享用网络资源，影响网络的正常运行，甚至会对某些关键数据造成损坏。

（6）其他维护工作

当然，对应于不同的网络环境，还有很多维护工作要做。随着内部网和Internet的相互联通，网络维护员除了要维护各种数据的可靠性外，还要保证机密数据的安全。因此，计算机网络的安全维护（如防火墙的设置)又成为网络维护中一个非常重要的方面。

经验之谈

为了方便大家理解整体网络维护方案的要点，我们另外提供两份整体网络维护方案，分别是针对网吧和中小企业网络的网络维护。通过这几份整体网络维护方案读者要能掌握整体网络维护的要点。

××网吧的整体维护思路

网吧想在激烈的竞争中立足，就要有自己的特色，并为用户提供优质稳定的服务。确保网络数据的传输畅通、软件和游戏补丁的及时更新、网络以及硬件故障的及时排除，是网吧生存的前提条件。所以，网吧网络的维护好坏是取胜的关键。

先谈谈网吧的网络维护，说到网络维护就不得不提及网络维护人员，因为他们是网络维护的策划者和执行者，他们的个人能力决定了网络维护的好坏。作为一个合格的网络维护员，需要有丰富的网络技术知识，熟练掌握各系统的配置和操作，需要阅读和熟记网络系统中各种系统和设备的使用说明，以便在系统或网络发生故障时，迅速判断故障发生的环节、故障发生的原因并找到快速且简单的方法排除故障。

在网络正常运行的情况下，对网络基础设施的维护主要包括确保网络传输的正常；掌握网吧主干设备的配置及配置参数变更情况，备份各个设备的配置文件，这里的设备主要指交换机和宽带路由；负责网络布线配线架的维护，确保配线的合理有序；掌握内部网络的连接情况，以便发现问题迅速定位；掌握与外部网络的连接配置，监督网络通信情况，发现问题后与有关机构及时联系；实时监控整个网吧内部网络的运转和通信流量情况。

维护网络运行环境的核心任务之一是网吧操作系统的维护，这里指的是服务器的操作系统。为确保服务器操作系统工作正常，应该能够利用操作系统提供的和从网上下载的维护软件，实时监控系统的运转情况，优化系统性能，及时发现故障征兆并进行处理。必要的话，要对关键的服务器操作系统建立热备份，以免发生致命故障使网络陷入瘫痪状态。

网络应用系统的维护主要是针对为网吧提供服务的功能服务器的维护，这些服务器主要包括代理服务器、游戏服务器、文件服务器。要熟悉服务器的硬件和软件配置，并对软件配置进行备份。要对游戏软件、音频和视频文件进行及时的更新，以满足用户的要求。

网络安全维护应该说是网络维护中难度比较高且很令维护员头疼的事儿。因为用户可能会访问各类网站，且安全意识比较淡薄，所以感染到病毒是在所难免的。一旦有一台机器感染，那么就会起连锁反应，致使整个网络陷入瘫痪。所以，一定要防患于未然，为服务器设置好防火墙，对系统进行安全漏洞扫描，安装杀毒软件，并且确保病毒库是最新的，还要定期进行病毒扫描。

计算机系统中最重要的应当是数据，数据一旦丢失，那损失将是巨大的。所以，网吧的文件资料存储备份维护就是要避免这样的事情发生。网吧的记费数据和重要的网络配置文件都需要进行备份，这就需要在服务器的存储系统中做镜像，以对数据加以保护并进行容灾处理。

××企业的网络系统整体维护工作要求

1）机房系统管理：对整个机房系统的全面监管及维护，包括电源系统、不间断电源系统、接地系统、温湿度、烟雾报警、照明、高/中压变电系统、电器设备等。

2）网络及核心设备的维护和性能调试服务：对网络中的核心设备，如核心路由器，交换机，服务器等安装、调试、维护以及专业化的管理；根据网络的使用情况和健康程度进行性能优化和升级。

3）操作系统的安装和调整；网站系统（电子邮件、域名系统、WWW系统、FTP系统等）建设维护；系统性能优化工作。

4）系统和网络安全保障服务：对网络系统的安全性进行评估，寻找、分析漏洞，降低风险，保护用户网络系统，以避免受到外来的恶意入侵，使其安全系统真正地发挥效用。

5）布线系统的维护及服务：对综合布线系统进行专业化检测，对可能发生单点和区域故障的布线进行维修或更换，保证布线系统的物理可靠性和运行连续性。

6）数据备份与数据安全支持：在企业中，由于业务的发展和时间推移，必将积累许多重要的数据信息，这些信息一旦丢失将造成重大损失，所以要定期进行数据备份，并确保备份的可靠性和唯一性。

7）专业技术培训服务：根据企业中用户的IT技术水平，提供有针对性的技术培训，以提高用户的应用能力，从而达到提高工作效率、降低IT管理成本的目标。

必备知识

本书的前几个项目中分别讲述了维护工作中的线路维护、设备维护、数据备份维护和安全与管理维护。在整体网络的维护工作中很难把这些具体维护工作分得很细，而且在日常的维护工作中还需要进行各项的联合维护。如果从网络整体维护的工作范围来看，日常维护工作应该包括以下几项。

1．计算机软硬件的维护

计算机是网络中重要的组成部分，如果计算机充当服务器的角色，那么它的作用会更加重要。所以一定不要疏忽对计算机的维护，包括硬件和软件的维护。主机维护不是本书的主要内容，但是这项工作还是要作为网络日常的维护工作。

2．传输线路的维护

对于传输线路的日常维护比较简单，主要是通过线路测试仪器对线路的各项参数进行测试并做详细的记录，最好在一段时期内进行统计，这样就可以预测出线路的老化程度并可以决定何时进行线路的更换。线路的日常维护也包括定期检查线路备份情况，防止发生出现线路故障时没有线路备份的情况。如果传输线路存在防水防虫等问题，则还要注意检查相关线路的防进水系统、防鼠害、防白蚁的措施是否起到作用。

3．网络环境的维护

日常的网络环境维护工作主要包括机房维护环境和室外网络环境的维护，目的是保证网络系统各种设备的物理安全。物理安全是保护计算机网络设备、设施以及其他媒体，免遭地震、水灾、火灾等环境事故及人为操作失误或错误以及各种计算机犯罪行为导致的破坏过程。机房的环境维护主要包括设备的防盗、防毁、防电磁信息辐射泄漏、防止线路截获、抗电磁干扰，以及保持机房内的温湿度等；室外网络环境的维护主要注意检查布线系统的防雷系统和接地系统的工作是否正常，布线系统设备是否出现损坏需要修补等，不要出现线路外露。如果存在室外光纤布线，则还要考察钢丝的拉力是否正常，地面固定系统是否稳固等。

4．网络服务和数据的维护

在网络运行阶段，由于网络服务的发展和时间推移，必将积累许多重要的数据信息，这些信息一旦丢失将造成重大损失，所以维护工作还包括定期进行数据备份，并确保备份的可靠性和唯一性。备份的方法有许多种，包括全部备份和差异备份，日常工作应进行差异备份。如果网络服务出现故障，则可以采取全部数据备份的方式。对于长期提供网络服务所带来的垃圾文件可以设置为系统定期删除或每日人工删除等多种方式。除此之外，还要检查网络服务能否正常运行。有些服务要从客户端进行检测，对于每天的服务访问的流量进行监测，在流量出现特殊情况时，进行登记和检查，防止网络攻击和网络服务故障的出现。

5. 网络设备的维护

网络设备的日常维护主要包括检查设备连接线路是否工作正常，设备和线路之间的连接点是否连接正常。每天要查看设备的配置文件和在数据流量高峰期的设备使用情况，记录设备的各类使用参数。查看近期设备的工作情况，查看近期是否有设备发生过自身更换或端口更换等。查看设备或端口的备份是否齐全，还要检查设备的供电情况。

6. 网络安全与管理的维护

管理和安全的维护是网络维护中最重要的部分。责权不明、管理混乱、安全管理制度不健全及缺乏可操作性等都可能引起管理安全的风险。例如，由于责权不明，管理混乱，使得一些员工或管理员随便让一些非本地员工甚至外来人员进入机房重地，或员工有意无意泄漏他们所知道的一些重要信息，而管理上却没有相应制度来约束。当网络出现攻击行为或网络受到其他一些安全威胁时（如内部人员的违规操作等），无法进行实时的检测、监控、报告与预警。同时，当事故发生后，也无法提供黑客攻击行为的追踪线索及破案依据，即缺乏对网络的可控性与可审查性。这就要求维护人员必须对站点的访问活动进行多层次的记录，及时发现非法入侵行为。所以，建立全新网络安全机制，必须深刻理解网络并能提供直接的解决方案。因此，最可行的做法是网络管理以及管理制度和安全解决方案结合起来。日常的网络安全维护也要和网络管理维护工作进行结合，这样针对网络安全和管理的维护会事半功倍、得心应手。

具体的管理和安全的维护工作是维护人员可以通过对整体网络的运行管理来对整个内部网络上的网络设备、安全设备、网络上的防病毒软件、入侵检测系统进行综合测试，同时利用安全分析软件，可以从不同的角度对所有的设备进行安全扫描，分析安全漏洞，并采取相应的措施。

7. 维护日志的记录

网络维护的工作存在一定的环境特性，就是说不同的网络环境存在不同的特性，不同的网络虽然维护工作的分类是相同的，但是具体工作的重点就根据不同的网络存在很大的区别。所以，网络维护的工作是需要延续和传承的。但是企业不能完全避免维护人员的流动，所以网络维护日志的建立和记录就显得格外重要。维护日志需要在网络初建时建立，初建的网络日志应该包括计算机和网络的技术档案，并应该存在一份详细清单，包括设备的名称、品牌、配置、生产厂商、生产日期及保修期、运行状况等，操作系统的种类、版本号、运行环境、权限分配等，应用软件的种类、名称、用途、版本号、开发商、参数设置等，网络的种类、拓扑结构、网络参数等。这些资料在维护工作中将起到重要的作用。在网络运行后的日常维护过程中要继续填写网络维护日志，具体需要记录的内容包括：日常维护数据记录，包括各种参数的记录、检查结果的记录等，还有日常维护工作项目的记录，包括每天维护工作的内容、时间等。还需要填写故障排除记录，包括排除了哪些故障，如何排除的，更换了什么设备或线路等。相应的维护日志还要有月份统计和季度统计等相关日志。在填写维护日志时，要进行详细的记录，按时填写，不要漏填一些项目。一份长期的优秀的维护日志是进行日常维护工作和故障排除工作的有力保障。

8. 相关资讯的收集

为了给网络维护工作提供有力的保障需要收集相关的资讯，这些资讯会提供相关行业的最新信息。例如，相关的病毒和漏洞的资讯会及时地提醒维护人员进行相应的防范。还有类似的软件升级信息，设备升级信息，相关产品的改进或新品信息等，或最近存在的安全问题常见的故障排除方法等，这些资讯都会帮助维护人员完善网络维护工作，提高工作效率，提示工作的重点，为解决各类网络故障提供帮助。所以，维护人员要定期地访问和浏览相关的资讯网站并对重要内容进行记录和领会学习，不断地充实维护能力。

以上是网络整体维护工作的具体内容，这些工作有时是分开进行的，但更多时候这些工作是结合在一起的。这就要求维护人员不要孤立地理解这些具体工作，而应联合地、发展地理解各项维护工作。随着网络规模和构建方式方法以及网络知识领域的不断发展，相应的网络维护工作也会不断变化。作为网络维护人员，要不断地充实自己的理论知识，拓宽自己的眼界，积累丰富的经验，以更好地适应未来的网络维护工作。

单 元 小 结

本单元从5个项目针对网络整体运行维护进行了讲述。这5个项目基本涵盖了网络日常维护的全部工作。其中，网络传输线路的维护强调的是日常性工作的持续性和维护过程的记录，这样才能对传输线路可能出现的故障进行预判。设备维护强调的是针对核心设备、网络接入中心和硬件服务器的日常维护项目以及设备运行环境的检测，这样能有效减少设备的故障率且延缓设备的老化时间。核心数据的维护重点首先在于培养和树立数据备份和数据容灾的思想，在此基础上逐步建立和完善数据容灾的软硬件环境。网络安全维护的重点是养成正确的操作习惯和培养网络安全意识，这一点的重要性要超过实现网络安全的软硬件配置。整体网络维护的重点在于从整体层面上如何进行网络维护并保证网络维护的质量。

单 元 评 价

测评项目	测评答案	测评分值	实际得分
双绞线传输线路的日常维护要点		10	
光纤传输线路的维护要点		10	
网络设备的维护要点		10	
网络中心的维护要点		10	
服务器日常维护项目		10	
数据备份的步骤		10	
常见的网络安全风险		10	
网络安全日常维护的内容		10	
天网防火墙的安装和使用		10	
网络管理软件的常见功能		10	
总分			

学习单元3
网络故障的检测与排除

单元概要

本单元着重讲述针对各类网络故障的检测、判断和排除，以及正确处理网络故障的思想和流程。

单元情景

小李从事网络维护工作一段时间，表现得非常优秀。但是作为网络维护人员，能胜任日常的维护工作只是其中一项技能，还有一项很重要的技能就是针对各类网络故障的诊断和排除，此项技能也是维护岗位所必需的。在接下来的工作中，小李在日常维护工作中遇到了很多不同类别的网络故障，需要他去诊断并排除故障。在此基础上还需要了解和熟悉相应的故障排除思路和正规流程。

学习目标

通过本单元学习，读者要了解针对各类故障的诊断方法和排除思路，以及相应的网络环节常见的故障类型，并按照正规的流程解决故障。

项目1
网络故障的类型

项目情景 ●●

> 小李在工作之余翻看网络维护日志，发现了很多网络故障排除记录单。每张单据都填写得非常正规且充分。部门主管正好要小李整理这些故障排除记录，并且总结出常见的网络故障类型以及针对这些故障的排除方式和方法。

项目描述 ●●

> 本项目分为3个任务。第1个任务是总结出网络故障的常见类型，第2个任务是整理出针对这些网络故障的排除方式和方法，第3个任务是熟悉计算机单机故障排除和网络故障排除的差异。第1个任务的要求是建立排除网络故障的思路，思路清晰才能解决故障。第2个任务是建立正规的流程来检测和排除故障，有了清晰的思路还需要最优的方法和必要的技能。第3个任务是通过了解网络故障的检测排除和单机故障的检查排除之间的区别来更好地理解网络维护的岗位性质，以及针对网络故障处理做好相应的准备。

任务1 常见的网络故障类型

任务分析

常见的网络故障种类很多，如何将这些故障进行分类呢？而且这种分类方式是否方便进行故障的分析、处理呢？如何将网络故障进行归类是解决故障的前提。分类之后，在相应的类别中常见的故障有哪些呢？这也是维护人员应该熟悉的。

任务实施

网络中可能出现各种各样的故障，故障现象也可能是千奇百怪。但从宏观上看，问题只有一种，那就是网络不能提供服务。例如，网络中的某个用户无法访问服务器，其原因可能是网线问题，可能是该用户使用的计算机的网卡问题，还可能是用户的TCP/IP属性配置不正确，或是服务器本身的问题，因此查找故障发生的原因要有适当的步骤和方法。

在TCP/IP网络中，用户看到的只是应用层，体验到的只是应用层中的各种服务。但应用层中的各种服务要依靠下几层的正确设置与连接。所以网络问题，无非就是网络服务不能实现，即应用层的服务不能实现，但是真正的原因却有可能出现在各个层次中，而且一项服务的实现依靠的不仅是服务器，同样也需要在中间线路和节点及在客户端做相应的配置，所以网络故障的原因有可能是客户端的某层出了问题，也有可能是服务器端的某层出了问题。

例如，文件服务无法实现是故障的现象，原因有可能出在网络接口层，如网线断了、交换机坏了等；还有可能出现在Internet层和传输层，如IP地址有问题，路由器有问题等；也有可能出现在应用层，如服务器的服务有问题，客户端没做相应配置等，所有这些都会引起网络服务不能实现。一旦出现问题不要慌张，只要按照系统的层次化结构来进行排除，一层一层地解决，检查完服务器再检查客户端，就一定能找出问题的原因，从而解决问题。下面将常见的网络故障类型按照OSI七层结构进行分类并进行简单讲述。

物理层和数据链路层的常见故障和排除方法如下。

1. 网线问题

网络中的计算机相互连接都需要网线，而网线也处在整个层次结构中的最底层，也是最容易出问题的地方。必须先了解连接设备使用网线的情况后，才可以排除网线的故障。

（1）网线种类

● 直通缆：两端线序一样，线序是白橙，橙，白绿，蓝，白蓝，绿，白棕，棕。

● 交叉缆：一端为直通缆的线序，另一端为白绿，绿，白橙，蓝，白蓝，橙，白棕，棕。

（2）设备连接使用网线的情况

● PC-PC：交叉缆。

● PC-SWITCH：直通缆。

● SWITCH-SWITCH：交叉缆。

● SWITCH-ROUTER：直通缆。

● ROUTER-ROUTER：交叉缆。

（3）网线用错

● 故障原因：通过上面的讲解已经知道了直通缆和交叉缆在不同设备之间的应用，如果安装线缆或布线时用错网线，则会导致网络不通。

● 查找方法：如果网线裸露在外，只要把网线的两头对在一起就很容易能发现此网线是直通缆还是交叉缆。如果网线已经布好，那就需要测线仪来进行测量了。

● 解决方法：发现网线用错，就换一根正确的网线，如果布好的网线用错了，就需要将某一头按照正确的线序重新接线。

（4）网线折断

● 故障原因：当网络不通时，有可能是网线折断或接触不良。

● 查找方法：电缆/光缆测试仪用于测量电缆或光缆的连通状况和属性等其他信息；数字万用表用于测量经过电缆的电脉冲，确定电缆是否有短路或断路。

● 解决方案：找到折断网线，将此网线替换。

2. 网卡问题

如果通过上面的测试，则证明网线和集线器都没有问题，那么下一步需要测试的对象就是网卡。网卡是网络接口层的另外一个核心组件，不论是服务器还是客户端的网卡损坏，损坏一端的计算机都无法发送和接受任何信息。

（1）网卡端口接触不良

● 故障原因：客户端或服务器的网卡端口接触不好，所以有一方无法进行通信。

● 查找方法：确定网线，交换机都没有问题后，如果客户端还ping不通服务器，则先测试本地客户端的网卡，再测试服务器的网卡。在客户端上确定其IP地址配置没有问题，然后，重新插一下连接的网线，查看其他计算机能否ping通本地客户端，如果不通，则证明客户端的网卡有问题。

如果通过前面的实验发现本地客户端能够与其他计算机通信，则问题就有可能出现在服务器上。首先确定服务器的IP地址配置正确。然后，重新插一下连接的网线，查看其他计算机能否ping通服务器，如果通信成功，则证明服务器的网卡有问题。

● 解决方案：重新插拔一下连接的网线。

（2）网卡损坏

● 故障原因：如果网卡的芯片损坏，则网络中的计算机自然无法通信。

● 查找方法：如果通过上面的方法，重新插拔网线后问题依旧存在，则先在客户端上确定其IP地址配置没有问题，然后，更换一块网卡，查看其他计算机能否ping通本地客户端，如果可以，则再用本地客户端ping服务器，如果成功，则证明客户端的网卡芯片有问题。

如果通过前面的实验发现本地客户端能够与其他计算机通信，则问题就有可能出现在服务器上。首先确定服务器IP地址配置正确，然后更换一块网卡，查看其他计算机能否ping通服务器，如果通信成功，则证明服务器的网卡有问题。

● 解决方案：更换网卡。

3．交换机问题

在现在的网络中，集线器往往被交换机替代，这样虽然增加成本，但是网络的整体性能会有很大提升。出于节省成本的目的，集线器之间也可能通过交换机来连接，这样通信速度有所提高，而且也不会增加太多成本。所以一旦交换机出现问题，往往查找和处理起来比集线器复杂得多。

（1）交换机MAC地址列表有问题

● 故障原因：交换机是通过内置的MAC地址列表来帮助计算机之间通信的，所以一旦MAC地址列表出现问题，则很有可能该收到数据的计算机收不到，不该收到信息的计算机可能会收到，而且也会产生丢包现象。

● 解决方案：重新启动交换机，如果仍无法解决，则更换交换机。

（2）交换机损坏

● 故障原因：交换机整体损坏。

● 查找方法：跟集线器的查找方法一样。

● 解决方案：更换交换机。

网络层和传输层的常见故障和排除方法如下。

如果通过上述方法测试，发现网线、网卡、交换机都没有问题，则可以将问题检测提到Internet层和传输层。

1．IP地址冲突

● 故障原因：如果在网络中发生两台计算机使用一个IP地址的情况，那么这两台计算机在启动后，有一台计算机是可以进行正常通信的，而另外一台则不行。

● 查找方法：如果一台计算机不能与其他计算机通信，如图3-1所示，IP地址已经配置。

那么，就需要利用ipconfig工具查看其IP地址的真实运行状况，如图3-2所示，其真正的IP地址为0.0.0.0，说明这台计算机上配置的IP地址正与其他计算机的IP地址冲突。

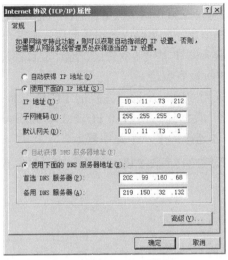

图3-1　IP地址的设置情况

如果此计算机的IP地址是合法的，那么证明其他计算机在制造恶意冲突。可以在其他的计算机上用"nbtstat"命令查找计算机，如图3-3所示，在其他正常运行的计算机上输入"nbtstat-a 冲突的IP地址"，就可以找到恶意冲突的计算机。

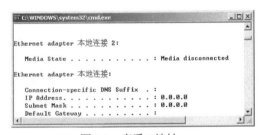

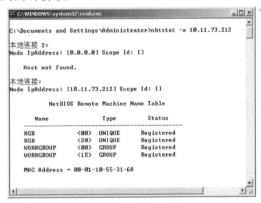

图3-2　查看IP地址　　　　　　　　　　　图3-3　查找主机信息

- 解决方案：将其中一台计算机另外配置一个合法的IP地址。

2．IP地址配置问题

- 故障原因：IP地址配置不符合本网段的配置需求，也会造成不能跟其他计算机通信的故障。

- 查找方法：如果通过ipconfig发现本机的IP地址并没有出现0.0.0.0的冲突现象，那么就可以检查是否是IP地址配置的问题。首先确定本网段的IP地址范围，如192.168.1.0，然后在客户机上再运行ipconfig命令，查看其IP地址，结果发现客户机的IP地址被配置为192.168.0.0网段内的地址，这就造成本地计算机无法与其他计算机通信。

- 解决方案：如果计算机使用静态的IP地址，则由网络维护人员重新配置合法的本网段的IP地址。如果计算机是DHCP客户端，则在此计算机上运行ipconfig/release来释放原有的地址，再运行ipconfig/renew重新获得合法的IP地址。

3. 路由器问题

● 故障原因：本地的IP地址配置正确，服务器的IP地址配置也正确，但因为它们不在同一个网段所以需要路由器来传递信息，如果路由器出现问题，则客户端与服务器也不能通信。

● 查找方法：在确定服务器和客户端双方的IP地址配置都没有问题后，先使用ping命令查找主机，如图3-4所示，主机没有回应。

如图3-5所示，这时再采用"tracert 远程主机的IP地址"命令查看问题出在中间连接的哪个路由器上。本例中发现，数据经路由器10.11.72.251后就传递不出去了，所以问题可能出在此路由器上或与此路由器连接的下一个路由器上。

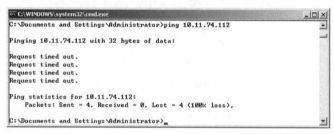

图3-4 查找主机

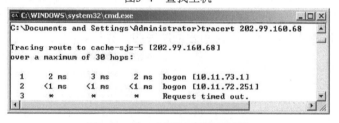

图3-5 tracert远程主机的IP地址

● 解决方案：联系路由器管理员，重新配置路由器信息。

应用层常见的故障和排除方法如下：

应用层的故障可谓"千奇百怪"，因为应用层的软件与服务有成千上万种，所以可能出现的问题也就非常多。在这里不可能将所有的问题都一一列出来，所以在这部分重点介绍Windows 2003 Server中各种服务容易出现的问题。

1. DHCP故障排除

DHCP的故障虽然是在应用层的服务，但实质却是分配IP地址，所以错误往往影响的是Internet层，也就是IP地址故障。DHCP大多数的故障现象就是配置好客户端和服务器后却发现客户端不能获得IP地址。但引起故障现象的原因却可能有很多种。

（1）授权问题

● 故障原因：DHCP服务器需要经过授权后才能启动服务，所以，未经授权的服务器是不能分配IP地址的。

● 解决方案：如图3-6所示，如果发现DHCP服务器未经授权，则必须使用管理员身份打开DHCP服务器控制台进行授权操作。

（2）服务器端IP地址问题

● 故障原因：检查服务器已经经过了授权，且作用域已经激活。这时应该检查作用域的地址范围是否与DHCP服务器的IP地址属于同一个地址范围。如果DHCP服务器的IP地址与作用域的地址不在同一个网段内，则DHCP服务器不能分配IP地址。

● 解决方案：将DHCP服务器的IP地址改为与作用域在同一个网段内。

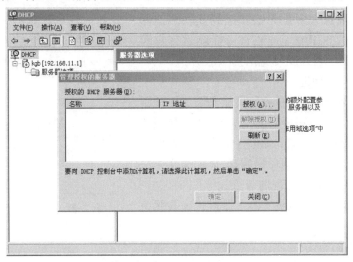

图3-6　对DHCP服务器进行授权

（3）客户端配置问题

● 故障原因：当在客户端上运行ipconfig时发现获得的IP地址不正确，这时需要考虑是否是客户端的IP地址配置有问题，是否已经设置成使用自动获得IP地址。

● 解决方案：配置成为自动获得IP地址，如果已经配置成为自动获得IP地址，则可先用ipconfig/release释放错误的IP地址，再使用ipconfig/renew重新申请正确的IP地址。

（4）DHCP分配地址冲突问题

● 故障原因：如果DHCP分配出的地址与网络中的其他计算机有冲突，则在客户端上显示IP地址为0.0.0.0。

● 解决方案：如图3-7所示，在DHCP服务器上增加冲突检测次数，避免分配网络上已经存在的IP地址。

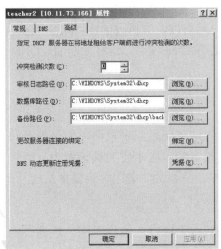

图3-7　DHCP服务器上的冲突检测次数

2. DNS故障故障排除

DNS在网络服务中起着举足轻重的作用，所以一旦DNS服务出现问题可能影响的范围就会很广。DNS出现问题的现象大多是无法联接到互联网，即解析不到远程主机的IP地址，还有可能就是客户端不能登录域控制器，因为DNS无法提供服务。

（1）服务器网关问题

● 故障原因：当DNS服务器只能提供本地解析服务，而无法提供外部解析服务时，可以查看DNS服务器的网关是否已经设置，如图3-8所示，如果没有设置，则DNS无法到外网做转寄查询，也就无法完成客户端提交的外部主机查询请求。

● 解决方案：在DNS服务器上设置正确的网关地址。

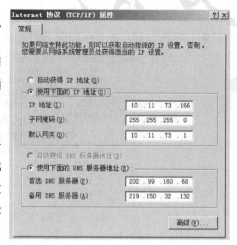

图3-8　设置DNS服务器的网关

（2）DNS的SRV记录

● 故障原因：当客户端启动后却无法找到域控制器，检查域控制器一切正常。故障往往都是由DNS服务器的SRV记录引起的。

● 解决方案：确定域控制器已经指向相应的DNS服务器，然后在域控制器上找到"管理工具"中的"服务"，在服务中右键单击"NETLOGON"选项，选择重新启动"NETLOGON"服务，重新注册SRV记录。

（3）客户端指向问题

● 故障原因：服务器一切正常，故障通常出在客户端没有正确地配置DNS指向。

● 解决方案：配置合法的DNS服务器地址。

（4）客户端缓存问题

● 故障原因：当某台计算机的IP地址与主机域名对应关系发生更改时，DNS服务器已经为其做了更新，而其计算机通过自己的DNS名字解析得到的还是以前的IP地址，所以无法通信。

● 解决方案：由于客户端将以前解析过的DNS名字放在自己的缓存中，所以需要在客户端上运行ipconfig/flushdns以清除DNS缓存，这样才能通过DNS服务器重新解析新的IP地址。

必备知识

为什么网络会出现故障？这个问题似乎很简单，又似乎很难回答。这个问题其实是在考验维护人员对网络故障现象下的问题本质的认识能力。所以本书将网络故障的成因进行了归类。网络故障的原因很多，分析故障成因时也要多从这几个方面考虑。

1. 网络连通性

网络连通性是故障发生后首先应当考虑的原因。连通性的问题通常涉及网卡、跳线、信息插座、网线、交换机、路由器等设备和通信介质。其中，任何一个设备的损坏，都会导致网络连接的中断。连通性通常可以采用软件和硬件工具进行测试验证。

例如，当某一台计算机不能浏览Web时，在网络维护人员的脑子里产生的第一个想法就是网络连通性的问题。到底是不是呢？可以通过测试进行验证。看得到网上邻居吗？可以收发电子邮件吗？能ping到网络内的其他计算机吗？只要其中一项回答为"是"，那就可以断定本机到交换机的连通性没有问题。当然，即使都回答"否"时，也不一定就说明连通性肯定有问题，只是其嫌疑更大些，如计算机的网络协议的配置出现了问题同样会导致上述现象的发生。另外，看一看网卡和交换机接口上的指示灯是否正常闪烁也是必要的步骤。

当然，如果排除了由于计算机网络协议配置不当而导致故障的可能后，接下来要做的事情就复杂了。查看网卡和交换机的指示灯是否正常，检测网线是否畅通。

（1）故障表现

连通性故障通常表现为以下几种情况。

① 计算机无法登录到服务器。

② 计算机无法通过局域网接入Internet。

③ 计算机在"网上邻居"中只能看到自己，而看不到其他计算机，从而无法使用其他计算机上的共享资源和共享打印机。

④ 计算机无法在网络内实现访问其他计算机上的资源。

⑤ 网络中的部分计算机运行速度异常缓慢。

（2）故障原因

以下原因可能导致连通性故障。

① 网卡未安装，或未安装正确，或与其他设备有冲突。

② 网卡硬件故障。

③ 网络协议未安装，或设置不正确。

④ 网线、跳线或信息插座故障。

⑤ 交换机或路由器电源未打开，网络设备硬件故障，或设备端口硬件故障。

⑥ UPS电源故障。

（3）排除方法

① 确认连通性故障。当出现一种网络应用故障时，如无法接入Internet，首先尝试使用其他网络应用，如查找网络中的其他计算机，或使用局域网中的Web浏览等。如果其他网络应用可正常使用，如虽然无法接入Internet，但却能在"网上邻居"中找到其他计算机，或可ping通其他计算机，即可排除连通性故障原因。如果其他网络应用均无法实现，则继续下面的操作。

② 查看LED灯判断网卡的故障。首先查看网卡的指示灯是否正常。正常情况下，在不传送数据时，网卡的指示灯闪烁较慢，传送数据时，闪烁较快。无论是不亮，还是长亮不灭，都表明有故障存在。如果网卡的指示灯不正常，则需关闭计算机更换网卡。交换机的指示灯的作用只能指示该端口是否连接有终端设备，不能显示通信状态。

③ 用ping命令排除网卡故障。使用ping命令，ping本地的IP地址或计算机名，检查网卡和网络协议是否安装完好。如果能ping通，则说明该计算机的网卡和网络协议设置都没有问题，问题出在计算机与网络的连接上。因此，应当检查网线和交换机及交换机的接口状

态，如果无法ping通，只能说明TCP/IP有问题。这时可以在计算机的"控制面板"的"系统"中，查看网卡是否已经安装或是否出错。如果在系统中的硬件列表中没有发现网络适配器，或网络适配器前方有一个黄色的"！"，则说明网卡未安装正确。需将未知设备或带有黄色的"！"网络适配器删除，刷新后，重新安装网卡，并为该网卡正确安装和配置网络协议，然后进行应用测试。如果网卡无法正确安装，则说明网卡可能损坏，必须换一块网卡重试。如果网卡安装正确，那么原因就是协议未安装。

④ 如果确定网卡和协议都正确，但还是网络不通，则可初步断定是交换机和双绞线的问题。为了进一步进行确认，可再换一台计算机用同样的方法进行判断。如果其他计算机与本机连接正常，则故障一定是在先前的那台计算机和交换机的接口上。

⑤ 如果确定交换机有故障，应首先检查交换机的指示灯是否正常，如果先前那台计算机与交换机连接的接口灯不亮，则说明该交换机的接口有故障（交换机的指示灯可以表明相关端口是否插有网线，但是不能显示通信状态）。

⑥ 如果交换机没有问题，则检查计算机到交换机的那一段双绞线和所安装的网卡是否有故障。判断双绞线是否有问题可以通过测线仪或用两块万用表分别由两个人在双绞线的两端测试。主要测试双绞线的1、2和3、6这4条线（其中1、2线用于发送，3、6线用于接收）。如果发现有一根不通，则要重新制作。

通过上面的故障逐步细化，维护人员就可以判断故障出在网卡、双绞线或交换机上。

2. 配置文件和选项

如果主机的配置文件和配置选项设置不当，则同样会导致网络故障。例如，服务器权限设置不当，则会导致资源无法共享的故障；计算机网卡配置不当，会导致无法连接的故障。当网络内所有的服务都无法实现时，应当检查交换机。

配置错误也是导致故障发生的重要原因之一。网络维护人员对服务器、路由器等的不当设置自然会导致网络故障，计算机的使用者（特别是初学者）对计算机设置的修改，也会产生一些令人意想不到的访问错误。

（1）故障表现及分析

配置故障大多发生在不能实现网络所提供的各种服务上，如不能访问某一台计算机等。因此，在修改配置前，必须做好原有配置的记录，且最好进行备份。

配置故障通常表现为以下两种。

① 计算机只能与某些计算机而不是全部计算机进行通信。

② 计算机无法访问任何其他设备。

（2）配置故障排错步骤

首先，检查发生故障计算机的相关配置。如果发现错误，则修改后再测试相应的网络服务能否实现。如果没有发现错误，或相应的网络服务不能实现，则执行下述步骤。

测试系统内的其他计算机是否有类似的故障，如果有同样的故障，则说明问题出在网络设备上，如交换机。反之，检查被访问计算机针对访问的计算机所提供的服务是否运转正常。

3. 网络协议

没有网络协议，网络内的网络设备和计算机之间就无法通信，所有的硬件只不过是各自为政的单机，不可能实现资源共享。下面着重讲述与协议相关的故障表现和分析。

（1）协议故障的表现

协议故障通常表现为以下几种情况。

① 计算机无法登录到服务器。

② 计算机在"网上邻居"中既看不到自己，也无法在网络中访问其他计算机。

③ 计算机在"网上邻居"中能看到自己和其他成员，但无法访问其他计算机。

④ 计算机无法通过局域网接入Internet。

（2）故障原因分析

① 协议未安装：实现局域网通信，需安装NetBEUI协议。

② 协议配置不正确：TCP/IP涉及的基本参数有4个，即IP地址、子网掩码、DNS、网关，任何一个设置错误都会导致故障的发生。

（3）排除步骤

当计算机出现以上协议故障现象时，应当按照以下步骤进行故障的定位。

① 检查计算机是否安装了TCP/IP和NetBEUI，如果没有，则建议安装这两个协议，并把TCP/IP参数配置好，然后重新启动计算机。

② 使用ping命令，测试与其他计算机的连接情况。

③ 在"控制面板"的"网络"属性中，单击"文件及打印共享"按钮，在弹出的"文件及打印共享"对话框中检查，查看是否勾选了"允许其他用户访问我的文件"和"允许其他计算机使用我的打印机"复选框，或其中的一个。如果没有，则全部勾选或勾选一个，否则将无法使用共享文件夹。

④ 系统重新启动后，双击"网上邻居"，将显示网络中的其他计算机和共享资源。如果仍看不到其他计算机，则可以使用"查找"命令，能找到其他计算机，就一切正常了。

⑤ 在"网络"属性的"标识"中重新为该计算机命名，使其在网络中具有唯一性。

根据以上介绍，相信读者对局域网故障的定位与分析有了大体的了解，遵循可行的、步骤化的程序与准则，对查明局域网故障诊断与故障的原因以及对故障的维护是十分有帮助的。网络故障虽然多种多样，但并非无规律可循。随着理论知识和经验的积累，故障排除将变得越来越方便、越来越简单。严格的网络维护，是减少网络故障的重要手段；完善的技术档案，是排除故障的重要参考；有效的测试和监视工具则是预防、排除故障的有力助手。

任务2　处理网络故障的正确思路和正规流程

任务分析

网络故障的表现往往是简单的，但是引起到故障的原因可能是多方面的，甚至是连带性的。这就要求维护人员针对网络故障的处理有一个清晰的思路和最优的办法。网络故障的处理首先是诊断网络故障，然后是排除网络故障。在这两个分项的工作中维护人员都要有清晰的思路，最优的办法和正规的流程。只有这样才能解决故障，事半功倍。

什么是处理网络故障的能力？有些人认为网络故障的处理是一个完全依靠经验的工作，这种认识还是有一些偏差的。笔者认为熟悉网络的性能对处理网络故障，尤其是找出引起故障的真正原因是很有帮助的。所以对于网络维护人员来说，处理网络故障的前提就是熟悉所维护的网络的各种性能。这个要求是网络维护人员处理网络故障所必需要做到的。其实这个要求也是网络维护人员和一般网络故障处理人员的区别。其次，这个问题还涉及了网络故障处理的一个要点，这个要点就是处理网络故障的过程是否符合规范。涉及规范，本书在这里不多说了，整本书其实都在强调规范的作用。大家要记住一点，规范是从千百次的实际工作中总结出来的，对实际工作是有很大帮助的。说远一点，规范还是我们和世界接轨的必经之路。所以回答这个问题大家要非常注意。不但要理解维护人员处理网络故障的特点，还要了解处理网络故障的正规过程。下面着重讲述这两个问题。

网络维护人员能不能解决网络运行中出现的所有问题呢？本书通过多名维护人员的网络维护经验总结认为：如果预先采取一定的措施，并且使用正确的故障诊断方法，解决网络故障还是有信心的。但是对于刚刚从事网络维护的人员来说，首先要了解和掌握的是网络故障的诊断方法和发现故障后分析故障的完整过程。了解了相应的诊断过程后，处理网络故障会事半功倍。看起来处理网络故障似乎只需要两个步骤：故障诊断和故障排除，但这是错误的，这是典型的单机故障处理的思路。网络故障的处理需要三大步骤，即正常运行期间网络参数的收集，网络故障的诊断，网络故障的排除。下面分步骤进行介绍。

步骤1：正常运行期间网络参数的收集。

要快速诊断故障的原因首先要了解网络在运行正常时的各项参数，了解了这些参数对处理网络故障有两大帮助：①方便维护人员掌握网络全局的状态，出现网络故障时不用临时找寻网络各个部分的参数或配置文件，可以提高故障诊断的效率；②在网络出现故障时可以进行数据对比，通过对网络正常运行时的数据和网络出现故障的数据进行比对，快速确定故障的位置和故障产生的原因。

获得相关数据之后还应该进行记录，最好的记录方法是记录在网络拓扑图上，如图3-9所示。这样网络拓扑图就为从事故障诊断的人员提供了一个关于网络布局和配置的全部信息的单一来源。网络拓扑图上包含的主要内容如下。

- 路由器的连接图。
- 设备的序号、型号及端口情况。
- 使用的路由协议（如RIP、OSPF等）。
- 网络设备的操作系统版本（用于具有何种性能查找和判别）。
- 已安装的模块。
- 访问控制列表。
- 地址（网络地址和序号，MAC地址）。
- 交换机（型号）。

当物理网络发生变化时，要及时更新网络拓扑图。如果没有更新网络拓扑图，那么网络拓扑图的用处就要大打折扣，这是非常危险的。如果出现这种情况，则必须马上绘制一幅新的网络拓扑图，而不是依赖那个不能反映实际情况的旧的网络拓扑图。

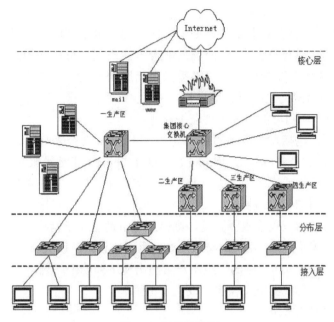

图3-9　网络拓扑图

当网络以正常方式运行时，必须符合网络性能的基线。基线用来记录网络在低、中和高使用量时的信息量。它建立了一个网络运行性能的记录，该记录可以用来进行比较，以确定是否出现问题。网络运行性能基线中包含以下主要内容。

- 网络上运行了哪些协议。
- 每个协议使用的带宽百分比。
- 每个协议的峰值使用量和平均使用量。
- 数据包的大小以及每种大小数据包的百分比。
- 循环冗余校验（Cyclical Redundancy Check，CRC）发现的错误的峰值和平均值。
- 网段每秒传输的信息帧的峰值和平均值。
- 是否存在超长的数据包。
- 冲突域每秒产生的冲突的峰值和平均值。
- 网段运行的峰值和平均值。

步骤2：网络故障诊断。

正确地确定问题是解决问题的关键。下面按照顺序介绍故障诊断的方法和步骤。应该注意的是，这些步骤往往是相互重叠的，而且解决问题的方法实质上是循环式的。

1）确定网络问题的性质。

2）收集有关的情况并对问题进行分析。

3）分析问题产生的原因。

4）设计一个解决问题计划。

5）实现这个解决问题计划。

6）评估该解决问题计划产生的结果。

7）重复上面的操作，直到问题得到解决。

8）将解决方案记入文档资料。

确定网络问题的性质实际上就是要提出问题，即"谁出了问题，是什么问题，何时产生和出现在何处"这样的形式。这些问题可能会多次出现，可以向用户、网络管理员以及遇到或了解问题的其他人详细提问："谁受到了问题的影响？是单个用户还是存在共性的一组用户？甚至是整个网络中的所有用户？"

1）若是单个用户，则可能出现下列若干问题。

● 物理层问题，包括发生故障的网络电缆，可用ping命令来测试。

● 在特定主机上的硬件故障，用ping 127.0.0.1或ping本机地址来检测。

● 软件加载不正确或崩溃了，尤其是网络协议出了问题，可重装软件或删除网络协议，然后重新加载网络协议。

● 主机地址或子网掩码设置不正确，则修正主机地址和子网掩码。

● 默认网关配置不正确，可用tracert检测，重新修正默认网关。

2）拥有公共属性或遇到问题的一组用户可能出现下列若干问题。

● 网络设备（如集线器或交换机）发生了故障。

● 路由器接口发生故障。

● 服务器发生故障。

● 访问列表设置错误。

● VLAN配置错误。

3）在知道"谁出了问题"后，就要集中精力解决："这个问题有何表现？是没有连接还是只有部分连接的问题？或是根本没有连接的问题呢？"。如果是没有连接的问题，则可能属于以下某一故障。

● 硬件故障。

● 远程通信服务故障。

● 路由协议故障。

4）如果是部分连接的问题，则属于以下情况。

● 访问列表问题。

● 子网掩码不正确。

● 路由协议不兼容。

5）这个问题何时发生的呢？是间歇性出现还是经常发生的问题？或是刚刚发生的问题？如是间歇性发生的问题，则其原因可能是以下几种。

● 远程通信服务故障。

● 信息拥挤。

● 路由循环。

6）如果是经常发生的问题，那么原因是信息拥挤。出现新问题的原因可能是以下几种。

● 访问列表发生变化。

- 新的硬件故障。
- 路由协议发生变化。
- 新增加的路由故障。

正确确定网络问题的性质，是维护人员判断是线路问题还是局域网中的问题的基础。

步骤3：网络故障的排除。

（1）收集有关的情况并对问题进行分析

主要包括对设备进行观察，设法了解问题究竟在什么位置。可以通过查看路由器的接口和进程命令，查看内存、缓存和CPU的使用情况等。在查看过程中，应记录发现的情况，以便评估存在问题的原因。如遇到间歇性失去连接的问题，则注意查看该接口复位了多少次。如果问题与访问列表相关，则需要查看访问列表是如何设置的，与现有文档的注释进行比较，判断是否一致。如现有的设置与文档不一致，则应审查更新文档的策略。在尽可能收集到各种情况后，即可转入对问题原因的分析工作。

（2）分析产生问题的原因

就是要确定这个问题本身有什么表现，谁受到了这个问题的影响。如果不了解这个情况，则需要倒退一个或两个步骤，重新思考这个问题。如果收集到正确的信息，那么在解决问题模型中，这是最容易执行的步骤之一。知道谁受到了问题的影响，这个问题有何表现，在何时发生，以及问题是发生在何处，剩下的唯一问题就是这个问题为何会发生。如果对OSI模型有透彻的了解，则解决这个问题对故障诊断者来说就变得易如反掌了。因此要求对OSI模型的每一层协议功能都要非常熟悉，才能从中获得重要线索，以确定问题为何会发生。

当问题的原因已经找到后，应该再花一点时间来确定其他还有什么原因可导致问题的产生。应该避免只找出单个原因，只有找到确定的原因越多，解决问题的可能性才越大。因此要尽量找出可能的故障原因，按降序列出导致故障的可能原因，并从中找出最有可能的故障原因。

（3）设计解决问题计划

只有当确定了导致问题产生的最有可能的原因时，才能制订一个操作计划，包括为了解决问题而计划使用的操作步骤。在确定操作步骤时，应尽量做到详细，计划越详细，按照计划执行的可能性就越大。一旦制订好计划，就要按步骤实施这个计划。

（4）解决问题计划的实施

当在实施操作计划时，应特别注意，每次只能做一个修改。如果修改后问题得到解决，那么应该将修改的结果进行分析并记入文档。如果修改没有成功，则应立即撤销这个修改。重要的是要按照制订的计划来进行操作。因为在实施计划中，有时由于某一步不行，很容易尝试新的方法，这样做的危害是很快就失去对原计划的跟踪线索，结果往往是情况变得更加糟糕。一旦发现原计划不可行，正确的方法是应该重新设计计划，然后实施新的计划。

另外，在实施操作计划时，应特别注意安全程序的执行，安全性是网络最担心的事情。不要或尽量少地开放网络，在解决问题时，也应该尽可能缩短降低安全性的时间。前者可以阻止黑客突破网络的企图，后者可以减少黑客在网络安全性降低时攻击网络的可能性。

（5）评估操作计划产生的结果

观察结果最简单的方法是用在第一步中获得的数据进行测试。问题的表现或某些表现是否仍然存在呢？如在第一步中简要说明了存在的问题，那么就可以较容易地测定问题的表现是否存在。如果问题的某些表现已经解决，但其他的表现仍然存在，那么将解决方案记入文档，然后转入下一个操作步骤。

有些间歇性问题的测试并不是那么容易进行的，有时要等到发生另一个故障时才能进行测试。在这种情况下，在最终确定问题之前，必须把对系统的修改记入文档，这是非常重要的。

（6）重复操作过程

在完美无缺的环境中，根本不需要重复上面的操作过程，因为对问题的分析肯定能够指明存在的一个问题，也是唯一的问题。但在实际工作中很少能够做到完美无缺。当操作计划不能产生预期的结果时，首先应该撤销试图解决问题时所做的所有修改。如果保留这些修改，则可能导致出现一些遗留问题。

下一步是搞清什么地方分析失败了。通过确定问题的性质来重新启动这个操作过程，这是非常重要的。对问题进行分析时，要对自己提出的所有假设多问几个为什么。重新确定问题的性质，当第二次设法解决问题时，要花费更多的时间去考察问题的细节，深入到问题的内部去看一看。如第一次解决问题时有些情况没有注意到，则应确保第二次解决问题时不要犯与第一次同样的错误。

 必备知识

在接下来的几个项目中将具体讲述各层容易出现的故障，这些故障案例是预先定义了故障问题然后去解决。可是在实际环境中，网络故障自己不会告诉维护人员故障的具体位置和原因，确定故障需要进行测试、定位以及分析，这就要求维护人员从网络的整体去考虑。由于网络协议和网络设备的复杂性，许多故障解决起来绝非像解决计算机故障那么简单，只需简单地拔插和板卡置换就能搞定。网络整体故障的定位和排除，既需要长期的知识和经验积累、对网络协议的理解，又需要会使用一系列的软件和硬件工具，有时还需要集体的智慧。因此多学习，掌握一定的知识，是每个网络维护人员都应该做到的。

在网络故障的检查与排除中，掌握合理的分析步骤及排查原则是极其重要的。这样做，一方面可以快速地定位网络故障，找到引发相应故障的原因，从而最终解决问题。另一方面，也会让维护人员在工作中事半功倍，提高效率和降低网络维护的繁杂性，最大程度地保持网络不间断地运行。

在开始动手排除故障之前，最好先准备一支笔和一个记事本，然后，将故障现象认真、仔细地记录下来。彻底解决故障之后要把过程写入维护日志。在观察和记录时不要忽视细节，很多时候正是一些最小的细节使整个问题变得明朗化。无论是排除大型网络故障还是十几台计算机的小型网络故障都是如此。

确认及识别故障，是解决故障的基础。在排除故障之前，必须确切地知道网络上到底出了什么问题，究竟是不能共享资源，还是连接中断等，知道出了什么问题并能及时确认、定位，是成功排除故障最重要的步骤。

要确认网络故障，当然要先清楚网络系统正常情况下的工作状态，以此作为参照，才能确认网络故障的现象，不然，对故障进行确认及定位都将无从谈起。

1. 识别故障现象

在确认故障之前，应先清楚如下几个问题。

1）在发生故障之前，用户进行了哪些硬件、软件、设置方面的改动。

2）查看发生故障时的各种参数并和网络正常时期的数据进行比对。

3）查阅近期有关网络各组件的资讯，如病毒信息、升级信息等。

4）当故障现象发生时，网络正在运行什么进程或提供什么服务。

5）查找维护日志，查看类似的故障是否曾经发生过。

2. 对故障现象进行详细描述

在处理由操作人员报告的问题时，对故障现象的详细描述显得尤为重要。如果仅凭用户的一面之词，有时还很难下结论，这时就需要维护人员亲自操作出错的程序，并注意出错信息。例如，在使用Web浏览器进行浏览时，无论输入哪个网站都返回"该页无法显示"之类的信息。使用ping命令时，无论ping哪个IP地址都显示超时连接信息等。诸如此类的出错消息会为缩小问题范围提供许多有价值的信息。对此，在排除故障前，可以按照以下步骤执行。

1）收集有关故障现象的信息。

2）对问题和故障现象进行详细描述。

3）注意细节。

4）将所有的问题都进行记录。

5）不要匆忙下结论。

3. 列举可能导致错误的原因

作为网络维护人员应当考虑，导致无法查看信息的原因可能有哪些，如网卡硬件故障、网络连接故障、网络设备（如路由器、交换机）故障、TCP/IP设置不当等。不要着急下结论，应该根据出错的可能性把这些原因按优先级别进行排序，然后按照先后顺序逐个测试排除。

4. 缩小搜索范围

对所有列出的可能导致错误的原因逐一测试。很多人在这方面容易犯的错误是，往往根据一次测试，就断定某一区域的网络是运行正常或不正常，或在自己认为已经确定了的第一个错误上停下来，而忽视其他问题。要知道，网络故障很多时候并不是由一个因素导致的，往往是多个因素综合作用而造成的，单纯地头痛医头、脚痛医脚，最大的可能便是同一故障再三出现，大大增加网络维护的工作量。

除了测试之外，维护人员还要注意，千万不要忘记去看一看网卡、交换机、路由器面板上的LED指示灯。通常情况下，绿灯表示连接正常，红灯表示连接故障，不亮表示无连接或线路不通。根据数据流量的大小，指示灯会时快时慢地闪烁。同时，不要忘记记录所有观察及测试的方法和结果。

5. 隔离错误

通过一番测试后，基本上发现了故障的部位，对于计算机的错误，可以开始检查该计算机网卡是否安装好、TCP/IP是否安装并设置正确、Web浏览器的连接设置是否得当等一切与已知故障现象有关的内容。对于线路故障，本书的建议是先把问题线路进行调换，不要影响网络的运行，然后再对问题线路进行故障的排除。对于设备故障，本书建议的原则也是尽量在不干涉网络正常运行的前提下进行故障排除，如路由器的配置出现故障，可以将现在运行的配置文件复制出来，然后导入没有问题的配置文件。让路由器先工作起来，再对有问题的配置文件进行故障分析。对于网络服务的故障应该逐步地关闭一些有问题的服务，不要因为一部分故障就把所有可以提供的服务都关掉。总之一条原则，在定位故障的时候尽量不要干涉网络的正常运行。

6. 故障分析

处理完问题后，作为网络维护人员，还必须搞清楚故障是如何发生的，是什么原因导致了故障的发生，以后如何避免类似故障的发生，拟定相应的对策，采取必要的措施，制定严格的规章制度。例如，某一故障是由于用户安装了某款垃圾软件，那么就应该相应地通知用户日后对该类软件敬而远之，或规定不准在局域网内运行此类软件。这一切还要记录到维护日志中。

 知识链接

　　所谓分层的思路，是把OSI七层模型和现实的网络环境相对应，从高到低地判断故障。一般主要是考虑七层模型中下三层的对应关系，即把维护的网络设备的各种故障现象归类到物理层、链路层和网络层，其中物理层的故障一般很好理解，所以把链路层和物理层放在一起。

　　物理层设备智能很低，而且其工作状态往往都有指示灯进行显示，很方便维护人员进行观察和判断。从链路层开始就需要对网络协议有比较清晰的了解。在网络中运行的设备一般都严格遵守七层协议，可以运用网络规程仪表对网络进行监控，也可以运用本地环路或远端环路对线路的质量进行检查。链路层的信息一般和物理层的信息交织在一起，除非出现误码率高和设备运行状态不稳定等情况，否则都不需要对链路层进行排障。

　　到了网络层，随着故障的复杂化，网络维护人员可以运用的工具也多了。在IP网络上，一般用ping命令来判断网络的通断，可以用tracert命令来跟踪路由的方向，当然也可以利用网络设备内部提供的丰富的命令来查看设备内部的运行情况。例如，Cisco设备的show命令就提供了很多选项，可以看到设备的各种信息。各种网络管理软件使用SNMP从各种设备上取出各种出错信息，来帮助维护人员正确判断故障所在。从网络层再往上，故障一般都和应用程序的设置有关，如SQL数据库和C/S软件方面的问题，这时就要和应用软件管理员一起来排除了。

 知识链接

　　所谓分段的思路，就是在同一网络分层上，把故障分成几个段落，再逐一排除。例如，两台计算机通过一个交换机互联，看上去一切正常，查找不出故障的原因，既可以再利用一台没有问题的计算机把网络虚拟分成两段来检查，也可以用交叉线把两台计算机直接互联来检查。还有综合布线的检查，必须分段检查通断，才能找到出故障的连接点。分段的中心思想就是缩小网络故障涉及的设备和线路范围，以更快地判定故障，然后再逐级恢复原有网络。

经验之谈

至于排障时先分层还是分段，要依靠维护人员的经验来决定了。对于复杂的故障，如果有条件分段，则本书建议最好先划分故障的段落。当然，网络故障千差万别，通过分层和分段可使维护人员在排除故障时保持清晰的层次感，然后循序渐进地排除各种可能性。利用分层和分段的方法，前提是对网络的结构要有很好的认识，所以网络管理员需要及时掌握所管理的网络的任何拓扑改变和设备变动，才能在故障发生时最迅速地解决它。

实战强化：Windows常用系统配置命令

在Windows类操作系统中有许多涉及系统性能配置的命令，这些命令都可以在运行菜单中执行。当然，这些命令也可以通过具体的程序菜单来执行。对于网络维护人员来说，在进行维护和故障解决的过程中使用这些命令还是非常方便和快捷的。

1. msconfig.exe：系统配置实用程序

此命令涉及计算机启动的各项关键项目，如图3-10所示，尤其是其中的"启动"选项涉及计算机开机启动的具体软件和环境，是解决主机故障的重要环节。

图3-10 系统配置实用程序

2. dxdiag：Direct X诊断工具

此命令涉及主机显卡加速等问题，如图3-11所示。这个问题虽然和故障无关，但是显卡是最占用系统资源的项目，故障排除时可以通过这个命令来调节显卡的加速状态。通过改变显卡加速的状态来释放更多的系统资源，方便维护人员快速地解决各类故障。

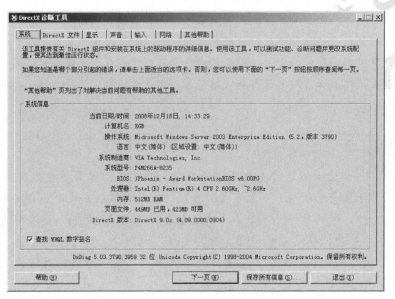

图3-11　Direct X诊断工具

3. devmgmt.msc：设备管理器

这个命令读者应该非常熟悉，这里就不做详细介绍了。

4. dcomcnfg：组件服务

此命令的重点是事件查看器的日志，如图3-12所示，这些日志显示了计算机在一段时间内的相关事件的记录，方便维护人员进行维护和故障诊断。

图3-12　组件服务

5. sysedit：系统配置编辑器

系统配置编辑器也涉及主机开机启动的相关选项，如图3-13所示，但是有些选项对于网络操作系统的作用已经逐步减小，如config.sys和自动批处理文件，这些文件的作用已经不如从前了。一般的启动选项已经不涉及这些文件，但是有一些病毒、黑客的攻击行为往往针对这些文件，所以对于这个命令还是要给予充分的重视。

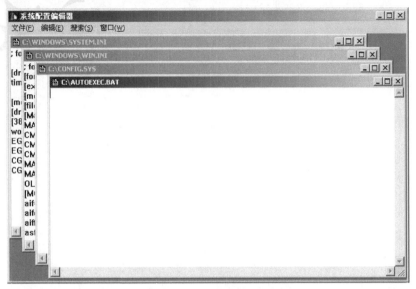

图3-13　系统配置编辑器

6. secpol.msc：本地安全设置

此命令对于网络操作系统至关重要，涉及网络操作系统安全的各个环节，如图3-14所示。其中的各种策略涉及网络安全的细则设置，需要维护人员深入学习。

图3-14　本地安全设置

7. services.msc：本地服务设置

此命令也是网络操作系统的重要命令，涉及网络操作系统提供的各项服务，如图3-15

所示。此命令涉及范围很广泛，在本书的附录A中有各项服务的具体解释供读者参考。

图3-15　本地服务设置

8. taskmgr：任务管理器

任务管理器读者应该非常熟悉了，这个命令是在主机出现安全问题导致无法使用
<Ctrl>、<Alt>和<Delete>3个键启动任务管理器的时候使用。

9. eventvwr：事件查看器

此命令是针对各类事件日志的查看命令，如图3-16所示，相应作用前面已经介绍过，
在此不再赘述。

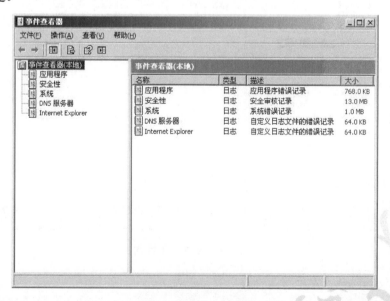

图3-16　事件查看器

10. perfmon.msc：计算机性能监测程序

这个命令的实用性非常强，尤其是对计算机性能的监测功能，如图3-17所示。虽然这个命令的监测功能比较简单，但是在手头或主机没有安装其他性能监测工具的情况下，对了解主机的性能还是很有帮助的。默认可以监测的性能参数有内存使用情况、硬盘存储排队情况和CPU占用情况，分别由不同颜色的线条显示。

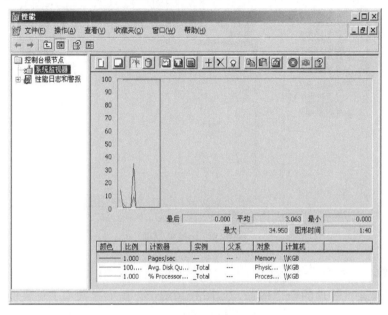

图3-17　计算机性能监测程序

11. regedt32：注册表编辑器

此命令涉及注册表的管理，如图3-18所示，读者在使用时一定要慎之又慎。

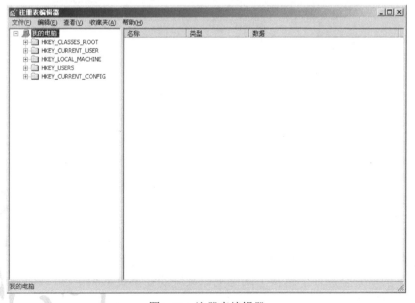

图3-18　注册表编辑器

12. compmgmt.msc：计算机管理

此命令是计算机管理的综合命令，如图3-19所示，右键单击"我的电脑"，在弹出的快捷菜单中选择"管理"选项也可以执行此命令。

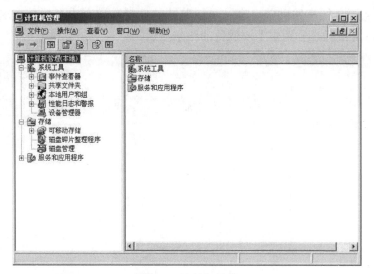

图3-19　计算机管理

13. fsmgmt.msc：共享文件夹

此命令是计算机管理的一个选项，如图3-20所示，虽然是共享文件夹的管理，但是对于网络维护来说，其中的会话选项有很重要的作用。可以显示现在和主机存在联系的其他计算机的情况，方便维护人员进行故障诊断。

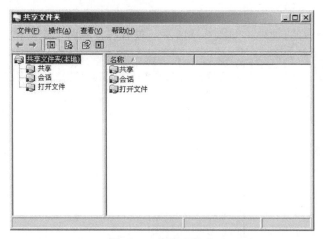

图3-20　共享文件夹

14. gpedit.msc：组策略编辑器

此命令也是很重要的一个设置命令，如图3-21所示，其中，"计算机配置"→"Windows设置"节点下的"安全选项"包括了网络操作系统的安全策略和审核，这些都是主机操作系统安全的基础保障，在维护过程中会经常使用到。

图3-21 组策略编辑器

任务3 处理单机故障和网络故障的区别

任务分析

解决计算机单机故障是网络维护人员所必须的能力，但是这种能力不代表具有解决网络故障的能力。因为虽然计算机是网络组成的重要环节，但是组成网络的硬件设备还有很多，除了硬件设备之外还有更多的逻辑上的设置。所以，单机故障只是网络故障的一个子集，关键是解决网络故障和解决单机故障有时候看起来步骤很类似，但在解决思路上还是存在很大差异的。

任务实施

计算机单机故障是网络故障的一个子集，相比较而言，处理单机故障要简单一些。当然，前提是在网络中维护人员要能准确地判断出此次网络故障的原因就是简单的某一台单机故障。虽然是一个子集，但是从整体网络故障处理的层面来看，网络故障处理还是和单机故障处理有着一定的差异。作为维护人员不要想当然地把这两种方法等同化，两种故障处理方法的具体差异如下。

1. 处理故障的思路

网络故障处理的核心思路是尽快恢复网络运行环境，包括整体网络运行环境和部分运行环境。对于网络故障而言，断网是最大的损失，而对于单机故障而言，数据是最核心的资产。单机故障发生可以立即处理，发生网络故障首先是断开故障点，恢复网络正常运行，然后才是故障解决。这一点是最大的差异。

2. 检测故障的流程

网络故障检测涉及的环节很多，需要按照流程进行排查，只有按照流程才能逐步缩小故障点的范围。单机故障可以凭借经验进行处理，有时处理经验可以取代处理流程。但是在网络中经验绝对不可取代流程。例如，单机显示器不亮则可以根据经验先检测硬件的显卡和内存，但如果是网络速度变慢，则需要按照流程进行检测，完全靠经验很有可能陷入误区。

3. 解决故障的复杂程度

单机故障可以导出数据进行系统重装，这可能是最大的复杂程度了。但是网络通信是实时的，无法进行备份和恢复，这就增加了网络故障解决的复杂性。如果不能准确地判断故障点，完全按照单机故障排除思想来解决问题将会给网络带来很大的损失。毕竟解决网络故障不能将全部网络断开，然后进行单点逐步排除。

4. 故障解决的彻底性

单机故障可以彻底解决，但是很多网络故障是趋向性的。例如，网络越来越慢或广播数据量越来越大，这些故障无法彻底解决，只能通过网络设置进行控制，将网络性能的参数值控制在正常的环境下。所以，不能将彻底解决单机故障的思想用于解决网络故障，这种思想不符合网络运行的实时性和动态性。

5. 针对故障的工作准备

解决单机故障往往是确定故障点之后进行处理，如显卡损坏进行显卡更换，处理故障前并不需要进行过多的工作准备。网络故障的处理则需要进行很多预先工作，如针对网络设备的备份，如果网络设备出现故障，不能在线处理，则必须先进行设备更换，然后再针对问题设备进行检测。如果没有预先的设备备份，此类故障即使检测出来也无法在短时间内解决。再有针对所有大类的网络故障都要进行故障解决预案的设计，有了相应的预案才能快速、合理地解决问题，但是处理单机故障则不需要预案环节。这些区别还有很多，都是在工作准备方面两种故障解决之间的差异。

上述简单地介绍了单机故障解决和网络故障解决之间的差异，相应的差异还有很多，需要网络维护人员在网络故障解决的过程中逐步地认识、理解和应用。

 必备知识

处理单机故障或处理网络故障都是网络维护人员应该具备的能力。大家当然不希望网络出现任何故障，但这只是一种愿望。所以为了能更好地处理各类故障，挽回故障所带来的损失，维护人员应该针对各种网络故障的自身特点进行处理预案的设计。这个知识点看似不是技术层面的，其实不然。下面简单讲述网络故障处理预案的相关知识。

预案不是网络维护专业的名词，预案是指为了应对可能发生的情况而预先做出的处理相应情况的方案。许多行业都有预案，如奥运会就有各类预案，奥运安全预案和门票销售预案等。本书只是把这种处理问题的方法引入到了网络维护中。

预案在网络维护中也起到很重要的作用，因为维护人员也不可能处理过所有的网络故障,不可能精确地预测网络故障发生的时间。尤其是不能保证每次遇到网络故障都有充裕的时间去考虑应该怎么做,去试验各种处理方式和方法。而且,还有许多刚刚从事网络维护的新手,可能遇到网络故障就慌乱起来,根本不知道该如何下手。所以,为了综合解决上述问题,还是要对可能遇到的网络故障做出预案,其实就是提前针对各种可能的故障做好处理方法的准备。如果做好了针对各种网络故障情况的预案,那么在遇到故障时便可快速、规范地处理问题,减少损失。预案也是亡羊补牢式的一种维护方式,所以不是制订了预案就万事大吉了,也不是制订了预案网络就没有故障了。所以,读者要正确理解预案的主要作用。

那么应该如何制订预案呢?首先要考虑什么类型的问题需要预案,不是所有的网络故障都需要预案。破坏性大的、范围广的、时间紧迫的等类似的网络问题才需要做出预案,或者说针对这类问题做出预案才有效果和实际意义。如果为了可能会出现网线断路的故障做预案那就是浪费时间了。具体地说,需要做出预案的问题分为两大类:一类是突发性事件,如交换机损坏;一类是趋向性事件,如网络非正常流量越来越大。这两种预案也有一定的差异。第一类预案设计要求时效性,要快捷方便,强调步骤的规范性。例如,交换机损坏,要明确第一步如何做、第二步如何做,不能违反步骤,因为这些步骤是最有效、最快捷的。第二类预案强调的是对各类阈值的控制,如网络中的广播流量,什么是有害的广播,或者说达到一个怎样的流量值才会影响网络。这个值很重要,如何控制这个值也是制订预案的主要目的。这类预案一般对时间要求不是很严格,因为在实际的流量中,这个值会有趋向性,即逐步增大或减小。理论上,维护人员有时间进行应对,所以对时间的要求不是很严格。

针对不同的网络应该如何制订预案呢?总体来说,许多成功的预案可以仿效但是不能完全照搬。因为网络构建的形势可能存在区别,设备也有差异,而且技术能力也不一定对等。所以,参照成功的预案来制订适合自己的预案是比较划算的。根据自己的实力制订适合的预案才会有效果。预案的制订要注意几个问题,这几个问题也是预案的核心。第一,对问题带来的损失的正确估计。如果网络出现了在预案中涉及的问题,那么这种问题可能会给网络带来哪方面的破坏,由于这些破坏带来的损失有哪些。第二,网络的核心资产是哪些,也就是着重要保护防止破坏的那些资源是什么。第三,怎么做可以减少损失,就是预案中的执行步骤。这3点至关重要,这样制订出来的预案才是有的放矢。

制订预案还有几个关键问题,第一要注意预案的可实施性,如维护人员的数量、技术能力、时间等都要适合现有的配备。第二要注意预案的时效性,一个预案不能长期不变。要注意处理方式和网络环境的变化,并根据这种变化对应地改变预案。第三是预案的预演,这是很重要的一个环节。制订好的预案要在模拟环境下进行预演,来检验预案的有效性和可实施性,没有经过预演的预案都是纸上谈兵。而且还要注意一点,往往预演的效果会高于实际遇到问题的效果。如果预演的效果刚刚达标,那么此预案遇到实际故障的时候一定会出问题。毕竟经过设计的模拟环境不同于实际环境,此外,在真正遇到问题时,维护人员的心理也和预演的时候有很大差异。所以在预演的时候一定要力求预案的高效性。如果预案经过一次真正的实施,然后维护人员要对预案进行评估,修改不适合的地方,这样的预案就可以跟上网络的变化了。

经典案例

××学校网络和信息安全工作详细预案

确保学校的校园网络和信息安全，坚持正确的舆论导向，对于维护校园和社会的安全稳定十分重要，现根据国家和上级有关规定以及我校工作的实际情况，提出网络和信息安全工作预案。

1. 指导思想（略）

2. 适用范围

本预案适用于：我校校园网运行及网络信息方面发生的有可能影响学校、社会和国家安全稳定的紧急事件；由于其他重大事件的发生影响到我校校园网正常运行或校园网络信息的安全，并由此可能影响到学校、社会、国家安全稳定的事件。

影响或破坏网络运行及网络信息安全的事件可分为校园网络安全事件和网络信息安全事件两类：校园网络安全事件主要指在校园网络实体中，线路、网络设备、服务器设备等出现的被病毒和恶意攻击带来的安全事件；网络信息安全事件主要指校园网络中，各信息服务设备中出现的信息安全事件，如非法信息和泄密事件等。

3. 领导机构及工作小组的职责

成立学校信息网络安全管理领导小组，指导和协调校内各个单位实施信息安全工作预案，处置各类危害校园信息安全的突发事件。当由于系统崩溃、病毒攻击、非法入侵等原因造成校园网运行异常或瘫痪时，负责及时发现并找出原因，尽快恢复网络的正常运行。

4. 处理原则（略）

5. 网络信息安全紧急事件的处置（略）

6. 校园网络运行安全紧急事件的处置

建立校园网络运行安全紧急事件预警系统。由校园网络运行安全应急工作小组负责监测、通告和处理，主要应对校园网可能会遭受的病毒、非法攻击而影响网络正常工作的事件。

校园网紧急事件分类：校园网紧急事件分为3个等级，即一级警告、二级警告、三级警告。

（1）具有下列情形之一的为一级警告事件

由于病毒攻击、非法入侵等原因，校园网部分楼宇出现网络瘫痪；由于病毒攻击、非法入侵等原因，BBS、FTP、学生网站服务器不能响应用户请求；100台以内的用户主机由于病毒攻击或非法入侵，不能正常工作。

（2）具有下列情形之一的为二级警告

由于病毒攻击、非法入侵等原因，校园网部分园区出现网络瘫痪；由于病毒攻击、非法入侵等原因，邮件、计费服务器不能正常工作；100台以上、300台以下的用户主机由于病毒攻击或非法入侵，不能正常工作。

（3）具有下列情形之一的为三级警告事件

由于病毒攻击、非法入侵等原因，校园网整体瘫痪；由于病毒攻击、非法入侵等原因，校园网络中心全部DNS、主WEB服务器不能正常工作；由于病毒攻击、非法入侵、人为破坏或不可抗力等原因，造成校园网出口中断。

校园网运行安全紧急事件响应：

（1）一级警告响应

领导小组办公室负责指派3～5人值班，每日分3组各值班8h，每日总值班时间24h。值班人员要密切注意事件的发展，负责把预警信息每日及时通告给广大校园网用户，并立即做好防范工作，防止事件升级。值班人员必须做好工作记录。针对来自校园网外的网络运行安全事件，如病毒传播、恶意攻击，提早进行技术防范，避免损失；在校园网主页上将病毒攻击的情况，病毒特征以及相应的处理办法和工具（如果可能）公布给全校用户。针对校园网内发生的网络运行安全事件，如内部病毒泛滥、恶意攻击、服务器及网络设备的运行状况不佳，或崩溃等，及时公布检查办法、补丁下载，做好重要信息的备份工作。对用户的Windows操作系统，可通过校园网应急网站进行升级和打补丁。

（2）二级警告响应

领导小组办公室负责指派5～8人，每日分3组轮流值班8h，每日总值班时间24h。值班人员负责把预警信息每日及时通告给广大校园网用户，加强防范，值班人员必须做好工作记录。对于病毒传播、病毒性恶意攻击，在校园网主页上公布病毒攻击的情况、病毒特征以及相应的处理办法和工具。同时要求相关用户进行病毒清除工作，对于置之不理的用户或单位，将关闭其网络连接，孤立病毒或攻击，将危害减少到最小。启动过滤措施，提高校园网安全级别。更改防火墙的安全设置，提高各服务器的安全级别设置，增强安全过滤级别。

对于来自校园网络外的攻击，首先确定攻击源地址，在出口防火墙上过滤该攻击源，并请求中国教育科研网络西南地区网络中心或教育科研网络中心进行技术支持，联合监控和过滤该攻击。对来自校内的攻击，确定攻击源，进行个体隔离。如果不能进行个体隔离，则实行区域隔离。对于大量接收和发送垃圾邮件、病毒邮件的邮件账户，进行临时关闭，防止导致邮件服务器因负荷过重而瘫痪。通知用户进行个人计算机的病毒清除工作，待系统恢复正常后，再申请开通。

（3）三级警告响应

领导小组办公室负责组织实施应急措施，定时向指挥组和有关部门通告最新情况，并按照有关规定上报上级机关。工作小组组长负责指派8～10人，每日分3组轮流值班，每组8h，每日总值班时间24h，值班人员必须做好工作记录。

根据对校园网运行安全的影响，关闭部分服务器和网络设备，甚至临时关闭全网，进行短暂的休眠疗法。然后逐个子网试验性开通，查出导致全网瘫痪的病毒或攻击源。有些攻击源可能分散在多个子网，或全部网络，有可能还采用了地址欺骗伎俩，危害很大，检查和定位及解决都很困难。所以，紧急情况下只能关闭子网络。对于校园网出口中断，紧急启用备用设备或备用出口。

对于网络中心的DNS服务器、校园网主页服务器被攻击不能正常工作时，启动备用系统。目前DNS为两个，一个主域名服务器、一个辅助域名服务器。当两个均出现问题时，启动后备域名服务器。

　　对于来自校园网络外的强大攻击，首先确定攻击源地址，在出口防火墙上过滤该攻击源，并请求中国教育科研网络西南地区网络中心或教育科研网络中心进行技术支援，在地区网络中心处对该攻击进行过滤，以减低对我校外部通道的负荷。对来自校内的攻击，确定攻击源，进行个体隔离，如果不能进行个体隔离，则实行区域隔离，直至大面积关闭相关网络。

　　对于大量接收和发送垃圾邮件、病毒邮件的邮件账户，进行临时关闭，防止导致邮件服务器因负荷过重而瘫痪。通知用户进行个人计算机的病毒和攻击清除工作，待系统恢复正常后，再申请开通。

　　为了隔离病毒和恶意入侵攻击，保证网络其他区域的正常工作，工作小组有权关闭部分网络设备或部分相关服务器；待攻击被解决后，恢复关闭的网络。在服务器系统崩溃时，用备用服务器替换崩溃服务器。在病毒攻击或其他原因造成网络管理设备处理能力不足或网络设备损坏时，使用备用网络设备替换损坏设备。

　　7. 应急启动及中止（略）

　　8. 应急保障

　　内部保障：学校针对校园网紧急事件的发生，拨付专项资金用于校园网紧急事件的处置。同时，应储备必须的有关物资和设备，避免时间拖延造成不必要的损失。

　　外部支援：依据校园网及信息安全紧急事件的影响程度，如需上级部门或其他单位支持时，应启动外部支援，寻求帮助。外部支援主要包括中国教育科研网络西南地区网络中心、中国教育科研网络中心、甘孜州公安局、中国电信甘孜分公司，以及主要相关设备供应商，如Cisco公司成都分公司等。

　　9. 信息网络安全管理领导小组名单（略）

项目2

传输线路故障的解决 ■■■■■■■■■■■■■■■

项目情景 ●●

　　小李在日常维护工作中也常常接到学校内部各部门的电话，有很多是网络出现故障的报修电话。很多情况下，用户只能说清楚具体的故障现象，但是无法给出具体的故障点，这就需要维护人员进行故障的处理。本项目着重针对传输线路的故障进行处理。

项目描述 ●●

　　处理网络故障不只是简单的技术工作，还需要很多文字性的工作，这些工作包括对故障处理的总结、发现网络中存在的弱点等。技术能力可以解决网络故障，文字描述能力能帮助维护人员确定网络故障多发点，从而确定网络弱点和判断网络的当前适应性。所以故障解决是第一步工作，针对一段时间内的故障总结是第二步工作，这两步工作都非常重要。本项目将重点放在网络中常见的传输介质——双绞线和光纤的常见故障解决上。

任务1 常见的双绞线故障分析

任务分析

双绞线是中小型网络中的主力传输介质，负责所有用户的网络连接，所以此类传输介质的故障发生率也非常高。作为维护人员必须要掌握此类传输介质的常见故障类型、故障原因以及对各类故障的解决办法。

任务实施

解决网络故障需要一个正规的流程，可能刚刚从事网络维护岗位的维护人员会觉得流程很麻烦，但是按照正规流程解决故障从总体来看，对维护人员的习惯养成是很有帮助的。而且这些流程是经过很多维护人员多年工作总结出来的，对整体网络故障解决和网络维护都是很重要的。下面简单介绍网络故障的处理流程。

1. 正确接听报修电话

接听报修电话很重要，要尽量询问对方故障的现象和可能的原因，如果对方无法确定原因，多询问最近的操作也是很必要的。这些信息对于维护人员初判网络故障的类型很有帮助。不能听到报修就立刻到达现场，这样会造成排除故障的无目的性。接听完报修电话后应该进行故障初判并决定诊断和排除的方式方法。如果是小故障也可以通过电话指导，辅助用户自行解决。

2. 确定故障位置信息

如果通过电话指导无法排除故障，则需要维护人员检查拓扑图，对故障点进行定位。定位的目的不是为了确定物理位置而是检查故障点的网络信息，如IP地址、附近的交换机、路由器、连接介质等，这些信息对诊断故障来说都是很重要的参数。

3. 检查维护工具

确定了具体位置的信息就要考虑和选择维护工具。虽然常见的维护工具是固定的，但是根据具体情况还是会有选择地使用。例如，一般故障排除是不会携带备份设备的，但如果怀疑是网络设备故障，则需要携带备份设备进行测试和网络恢复。所以，故障点的网络信息是很重要的。

4. 故障诊断与解决

到了故障现场就是进行故障的诊断和解决了，这个过程这里不再赘述。

5. 整理和完善故障解决记录

故障诊断正确并解决后，首先要在现场进行简单的网络故障解决排除记录，返回后要进行详细的故障诊断排除记录的填写。这一步的文字工作非常重要，因为在进行阶段网络故障总结时会将这些记录作为参数来判断网络是否存在新的风险点等。网络故障排除记录表见表3-1。

表3-1 网络故障排除记录表

网络故障排除记录第 号					
日期：		故障申报人：		故障位置：	
位置信息：					
故障初判：					
初判原因：					
现场诊断过程：					
故障解决过程：					
故障原因：					
网络风险判断：					
操作建议：					
故障排除人：		备注：			

必备知识

要想全面、彻底地了解双绞线必须先了解双绞线的各项性能。做一条线序正确的双绞线，要对双绞线每根线的作用非常了解，如果拿着RJ-45连接头对着自己，锁扣朝上，如图3-22所示，那么从左到右各插脚的编号依次是1～8。根据TIA/EIA568规范各插脚的用途如下。

1：输出数据（+）

2：输出数据（-）

3：输入数据（+）

4：以太网供电（POE）使用

5：以太网供电（POE）使用

6：输入数据（-）

7：保留为电话使用

8：保留为电话使用

图3-22 水晶头的顺序

因此可以很清楚地看出五类双绞线里的8根线只用了4根，按常用EIA/TIA-568A/B的接线方法来说，就是1、2、3、6这4根线，其余的4根线没有使用，所以，100MB必须用4对线是不准确的。当然上面讲的是五类或超五类线的情况。对于六类线和七类线情况则有些差异。六类线和七类线因为传输的频率比五类线高，所以要求也有所不同：①六、七类线要使用全部的8根线缆；②六、七类线要求测试的参数比五类线多且非常严格。如果有一项达不到测试指标，则六、七类线将无法进行高频传输。

双绞线属于铜线传输介质，通过电信号来传输网络数据。双绞线容易在高干扰、高热、高湿的环境下出现问题，同时，如果双绞线所承受的拉力、压力和弯曲角度不当，则也会导致故障。这些问题大多是由于在布线安装时安装设计不当导致的，然后在网络运行一段时期后故障开始频繁发生。

针对这种情况维护人员可以通过网络测线设备来发现网络故障的原因。但是由于常见的测线设备都比较简单，只能对是否连通做测试，不能反应出更多的线路数据，所以许多时候线路故障的隐患就埋藏在布线施工的阶段了。这些线路虽然已经连通，但是相关其他测试数据并没有达到要求，这也是线路的维护任务重的主要原因。下面简单介绍双绞线在测试时必须要重视的几个数据。这里以六、七类线为标准，不再以五类线的测试参数为标准，所以要测试的参数会比五类线多一些。

1. 打线图

打线图是指检查线缆两端的打线方式是否与预定标准相匹配，根据流行的打线方法，如568A、568B，有固定的色标，包括了信息模块的打线方法，尽量做到统一，否则就会造成打线错误，从而造成网络通信的不正常。

2. 长度（Length）

各个测试模型所规定的长度不一样，基本上遵循了以太网的访问机制 CSMA/CD（载波侦听多路监测/碰撞检测），以下为各个标准所规定长度的情况。

1）Basic Link（基本链路）：长度极限为90m，其中包括了两端的测试跳线。

2）Permanent Link（永久链路）：长度极限为94m，包括了两端的测试跳线。

3）Channel Link（通道链路）：长度极限为100m，包括了两端的测试跳线。

注：这里所说的长度是线缆绕对的长度，并不是线缆表皮的长度，因为一般来说，绕对的长度要比表皮的长度长，并且4对绕对的线缆可能长度不一，这是由于每对线对的绞率不同。要精确地计算线缆的长度，就要有准确的NVP（额定传输速率）值，通过一系列的计算，算出精确的长度。较为简单的获取方式是咨询生产厂商。

3. 衰减（Attenuation）

链路中传输所造成的信号损耗（以dB为单位），一般造成衰减的原因为电缆材料的电气特性和结构、不恰当的端接、阻抗不匹配形成的反射。如果衰减过大，会造成电缆链路传输数据不可靠。

4. 近端串扰（NEXT）

此参数是标准中比较重要的参数，由于此参数是作为线缆质量评估的重要砝码，所以这里做详细介绍。想了解近端串扰，首先要了解双绞线进行双绞的原因，由于每对双绞线上都有电流流过，有电流就会在线缆附近造成磁场，为了尽量抵消线与线之间的磁场干扰，包括抵消近场与远场的影响，达到平衡的目的，所以把同一线对进行双绞，但是在做水晶头时必须把双绞拆开，这样就会造成1、2线对的一部分信号泄漏出来，被3、6线对所接收到，泄漏下来的信号称为串扰，因为发生在信号发送的近端，所以叫作近端串扰，英文叫作Near End Cross Talk（NEXT），如图3-23所示。近端串绕与线缆的类别、连接方式、频率值有关。在所有的网络运行特性中，串扰值对网络的性能影响是最大的。

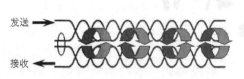

图3-23　近端串扰示意

在接点图正常的情况下，该值如果出现负数，则一般应与线缆质量和施工工艺有关。对线缆质量影响很大的因素是在生产过程中产生的；对于出厂前引起的质量问题，一般在施工前验收阶段就可以排除。而施工工艺才是与维护人员最为相关的部分。为了得到更好的工程质量，建议工程实施时尽量以标准为依据，在结构设计、路由配置、机房定位时把可能出问题的因素减少到最小；同时在指导施工时，控制施工人员的拉线力度、弯曲半径和开对长度等。

5. 衰减串扰比（ACR）

ACR俗称衰减串扰比或衰减与串扰的差（以dB表示），这个参数不需要另外测量，而是衰减和串扰的计算结果，具体计算公式是ACR=NEXT−attenuation，其含义是一对线对感应到的泄漏的信号（NEXT）与预期接受的正常的经过衰减的信号（Attenuation）的比较，最后的值应该是越大越好。ACR是一个十分重要的物理量，是线对上信噪比的一种形式。ACR=0表明在该线对上传输的信号将被噪音淹没，因此，对应ACR=0的频率点越高越好。高的ACR值意味着接收信号大于串扰。

6. 回波损耗（Return Loss）

在全双工的网络中，当一对线负责发送数据时，在传输过程中遇到阻抗不匹配的情况时就会引起信号的反射，即整条链路有阻抗异常点，一般情况下UTP的链路的特性阻抗为100Ω，在标准里可以有±15%的浮动，如果超出范围，则就是阻抗不匹配。信号反射的强弱和阻抗与标准的差值有关，典型例子如断开就是阻抗无穷大，导致信号100%的反射。由于是全双工通信，所以整条链路既负责发送信号也负责接收信号，那么如遇到信号的反射再与正常的信号进行叠加后就会造成信号的不正常，尤其对于全双工的网络来说，非常重要。

7. 传输时延（Propagation Delay）

传输时延即信号在每对链路上传输的时间，用ns表示，一般极限值为555ns。如果传输时延偏大，则会造成延迟碰撞增多。延迟时间是局域网必须要有长度限制的主要原因之一。

8. 时延偏离（Delay Skew）

时延偏离即信号在线对上传输时最小时延和最大时延的差值，用ns表示，一般范围在50ns以内。在千兆网中，由于可能使用四对线传输，且为全双工，那么在数据发送时，采用了分组传输，即将数据拆分成若干个数据包，按一定顺序分配到四对线上进行传输，而在接收时，又按照反向顺序将数据重新组合，如果延时偏离过大，那么势必造成传输失败。延迟偏差对于以多线对电缆同时传输数据的高速并行数据传输网络是一个非常重要的参数，如果绕对之间的延迟偏差过大，就会失去比特传输的同步性，接收到的数据就不能被正确地重组。

除了上述的几个参数之外，双绞线还有SNEXT 综合近端串扰、FEXT 远端串扰、ELFEXT 等效远端串扰、PS ELFEXT 综合等效远端串扰4个参数。这4个参数从理解到实际测量获取都有一定难度，在此就不做重点介绍了。

以上是六、七类线路必须要进行的测试参数，这些参数直接关系到线路的传输。当然，这些参数需要高端的测试仪器进行测试才能获得，而且不同的参数有时还需要不同的测试方案，不是简单地把线路插入测试仪器就可以了。因为布线系统的情况千差万别，不同的布线系统测试方法也会不同，具体的测试方法这里就不再叙述了。

了解了双绞线的常见性能参数之后，介绍部分双绞线的常见故障类型和原因。

1. 仅用4芯制作网线

从理论上讲，数据传输仅用4芯就够了，但是这是在理论环境中。在实际环境中仅用4芯制作的网线是存在问题的，网线超过30m衰减就会很厉害，所以在实际环境中还是要使用8芯来制作网线。

2. 网线保护套

标准的网线保护套如图3-24所示，其主要作用是防止拉扯中网线脱出，但现在有一些网卡端口的位置比较紧促，有了这个保护套会出现水晶头与端口无法完全匹配的故障。还有一些保护套比较硬，反而使得水晶头的卡扣弹不到底，出现接触不紧的故障。

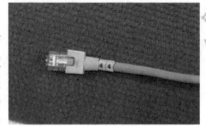

图3-24 标准的护套和线标

3. 网线质量不过关

平时大家可能不太在意网线的质量，一般常用的网线也就10m以内，所以劣质网线产生的影响还不太明显，但在给局域网布线时如果网线超过30m就要关注网线质量了。

4. RJ-45水晶头不过关

劣质的RJ-45水晶头主要是弹簧片不过关，常会发生没压实的情况，当时是通的，过段时间又发生时通时断的现象。RJ-45水晶头在与设备槽位长期磨合中，慢慢地会发生松动现象，这时如果无法立即更换网线，则可以把两个头对换一下，因物理位置改变了，往往又可重新导通。另外，水晶头上的卡扣如果弹性不好，则在插满网线的交换机上操作很容易把这些网线带出，引起新的故障。

5. 压线钳质量不过关

从成本考虑，现在使用的大多是国产的压线钳，其钳口的合金硬度不足，经常发生槽口偏位，导致某些压脚不实。施加到RJ-45金属簧片上的压力不足，会导致网线与金属簧片出现松动的现象。

6．线路老化

双绞线由于长期使用，所以容易产生老化现象，处于老化阶段的线路会表现得很不稳定。所以，离设备比较近的线路或经常被日光照射和离强电线路较近的线路都会提前出现老化现象。对于这些线路要加强测试，一旦发现问题要及早更换。

任务2　常见的光纤故障分析

任务分析

光纤故障在中小企业网络中并不多见，因为在中小企业中，光纤链路只存在于主干网中，主要功能是连接网内的核心设备和各分接入中心，而且针对光纤线路的节点维护也不建议进行拔插操作。所以相比双绞线的故障解决工作，光纤线路的故障解决工作量要小得多，故障发生的概率低得多。所以将此任务的重点放在光纤常见故障类型和引发故障的原因方面。

任务实施

1．常见的光纤故障和引发故障的原因

排除光纤故障是一个复杂的过程，因此知道从什么地方入手寻找故障是非常重要的。本书在这里给出了一些最常见的光纤故障以及产生这些故障的可能因素，这些信息将有助于维护人员对网络故障进行查找。

1）光纤断裂通常是由于外力物理挤压或过度弯折。

2）光纤铺设距离过长可能造成信号丢失。

3）插接器受损可能造成信号丢失。

4）光纤接头和插接器故障可能造成信号丢失。

5）使用过多的光纤接头和连接器可能造成信号丢失。

6）结合处制作水平低劣或结合次数过多会造成光纤衰减严重。

7）由于灰尘、指纹、擦伤、湿度等因素损伤了连接器。

2．针对中小企业网光纤主干线路的故障排查方式

当处理问题时，要做的第一件事情就是收集故障表现和可能导致出现故障原因的基本信息。借助任何可用的方式，排障的关键在于通过提出正确的问题来获取有价值的信息。以下给出了一些首先应当被提出的问题。

1）最近是否有人动过光纤（拆除、重新连接）和光纤收发器。如果有人动过光纤和收发器可以查看光纤是否已经被断开或收发器没有被连接上或连接错误。这些问题可能是有些人在检查设备时发生了遗漏。

2）最近是否搬动过网络设备。网络设备往往连接着光纤，如果有人移动或更换过网络设备，一定要检查和设备连接的光纤工作是否正常，有可能出现虚接、拉力过大损坏光纤或更换设备后根本就没有连接光纤等多种问题。

3）光纤是否被踩到，还是被压在椅子的脚下，或是受到了其他的物理压迫。检查光纤的连接点和室内部分，了解是否出现了人为的破坏，如踩踏，挤压，或其他物品的挤压，如办公设备或网络机柜等。还要检查光纤的室外部分，查看是否同样存在被其他物品挤压或拖曳等现象，这些现象都可能导致光纤故障。

如果对上述情况都做了检查，没有发现可能产生光纤故障的原因，那么就只能求助网络测试设备了。但是使用网络测试设备时也要注意，测试设备会根据所使用的线缆和连接器种类的不同而有所差别。显然，并不是每一种连接器都可以接在测试仪器上。同样的道理，也不能指望用来测试单模光纤的设备可以测试多模光纤。在市场上可以看到很多不同的光纤测试仪器，一些测试仪器仅可以测试一种光纤，而另外一些则可以测试很多种。在日常的使用过程中，使用较为广泛的是福禄克公司生产的网络测试设备。

3．中小网络光纤介质故障处理难点

1）光纤长度有限，无法使用常见的光纤性能测试设备。

中小网络覆盖范围有限，室内室外光纤都是主干线路的连接介质，长度一般不会超过500m，而且很可能中间还有接入中心。这样一般的光纤性能设备很难测试，无法获取测试参数。一般情况下，现有的光纤性能测试设备针对长距离的光纤才能发挥其效能。所以，中小网络的光纤测试是一个难点。

2）缺乏必要的测试设备。

虽然有些中小网络的光纤长度符合测试设备的要求，但是光纤测试设备都很昂贵，简单的也需要几万元，测试项目多一些的则需要十几万甚至几十万元。针对中小网络的使用者来说，这笔投资是很难实现的。

3）光纤故障概率低，维护人员缺乏排除故障经验。

相比双绞线，光纤使用的概率很低，而且室外光纤都有固定设备，室内光纤的节点一般都在机柜内部，保护得都很好。所以，光纤的故障概率明显低于双绞线介质，维护人员直接处理光纤故障的机会也很少。对于网络维护人员来说，光纤故障的维护经验都不是很丰富。

4）室外光纤多采取埋地和高架式，维护工作存在一定的危险性。

室外光纤一般都是埋地或高架，所以在具体维护工作和故障排除工作中也存在一定的危险性。如果发生光纤断路等故障，则专业铺设人员进行故障排除的可能性非常大。

5）外接线路光纤由固定的电信公司负责维护，此类维护工作一般不属于企业网内维护范畴。

中小网络的外联部分都是靠光纤线路实现的，但是这段连接属于外网连接部分，维护人员能做的工作很少。确定故障都需要双方配合，故障的排除也就不是一方能彻底解决的事情了。

必备知识

光纤收发器，是一种将短距离的双绞线电信号和长距离的光信号进行互换的以太网传输媒体转换单元，在很多地方也被称为光电转换器（Fiber Converter）。产品一般应用在以太网电缆无法覆盖、必须使用光纤来延长传输距离的实际网络环境中，且通常定位于宽带城域网的接入层应用。同时，在帮助把光纤最后1km线路连接到城域网和更外层的网络上也发挥了巨大的作用。因为经常被使用，所以光纤收发器的常见故障也是维护人员所要了解的。

图3-25 光纤收发器

光纤收发器如图3-25所示，其常见故障如下。

1）Power灯不亮：电源故障。

2）光纤Link灯不亮，故障可能有如下情况。

①检查光纤线路是否断路。

②检查光纤线路是否损耗过大，超过设备接收范围。

③检查光纤接口是否连接正确，本地的TX与远方的RX连接，远方的TX与本地的RX连接。

④检查光纤连接器是否完好地插入设备接口，跳线类型是否与设备接口匹配，设备类型是否与光纤匹配，设备传输长度是否与距离匹配。

3）电路Link灯不亮，故障可能有如下情况。

①检查网线是否断路。

②检查连接类型是否匹配。网卡与路由器等设备使用交叉线；交换机和集线器等设备使用直通线。

③检查设备传输速率是否匹配。

4）网络丢包严重，可能故障如下。

①收发器的电端口与网络设备接口，或两端设备接口的双工模式不匹配。

②双绞线与RJ-45接头有问题。

③光纤连接问题，跳线是否对准设备接口，尾纤与跳线及耦合器类型是否匹配等。

5）光纤收发器连接后，两端不能通信，可能故障如下。

①光纤接反了，TX和RX所接光纤对调。

②RJ-45接口与外接设备连接不正确（注意直通线与交叉线）。

6）时通时断现象，可能原因如下。

①可能为光路衰减太大，此时可用光功率测量仪测量接收端的光功率，如果在接收灵敏度范围附近，1～2dB范围之内可基本判断为光路故障。

②可能为与收发器连接的交换机故障，此时把交换机换成PC，即两台收发器直接与PC连接，两端对ping，如未出现时通时断现象，则可基本判断为交换机故障。

③可能为收发器故障，此时可把收发器两端接PC（不要通过交换机），两端对ping没问题后，从一端向另一端传送一个较大文件（100MB）以上，观察它的速度，如速度很慢（200MB以下的文件传送15min以上），则可基本判断为收发器故障。

7）通信一段时间后死机，即不能通信，重起后恢复正常。

此现象一般由交换机引起，交换机会对所有接收到的数据进行CRC错误检测和长度校验，检查出有错误的包将丢弃，正确的包将转发出去。但这个过程中，有些有错误的包在CRC错误检测和长度校验中都检测不出来，这样的包在转发过程中将不会被发送出去，也不会被丢弃，它们会堆积在动态缓存（buffer）中，永远无法发送出去，等到buffer中堆积满了，就会造成交换机死机的现象。因为此时重启收发器或重启交换机都可以使通信恢复正常，所以用户通常都会认为是收发器的问题。

8）收发器测试方法：如果发现收发器连接有问题，可以按照以下方法进行测试，以便找出故障原因。

①近端测试：两端计算机对ping，如可以ping通，则证明光纤收发器没有问题。如果近端测试都不能通信，则可判断为光纤收发器故障。

②远端测试：两端计算机对ping，如ping不通，则必须检查光路连接是否正常，以及光纤收发器的发射和接收功率是否在允许的范围内。如能ping通，则证明光路连接正常，即可判断故障问题出在交换机上。

③远端测试判断故障点：先把一端接交换机，两端对ping，如无故障则可判断为另一台交换机的故障。

常见的光纤测试设备的种类非常多，适合于不同场合不同情况的测试要求。有的测试设备是为了测试具体的传输参数，有的设备是为了检测光纤的故障，还有的设备是在光纤出现故障之后确定具体的光纤故障类型，功能有一定的差异。在具体应用场合也存在很大的区别，不同的测试设备有的适用于在光纤运行过程中进行不间断测试，有的则要求必须断线进行测试，有的设备适合在现场发现和确定简单的故障，有的设备适合在实验室进行全面测试，所以常见的光纤测试设备有光纤显微镜，如图3-26所示、光纤数据测试设备，如图3-27所示、光纤测试笔，如图3-28所示、光纤环路测试设备，如图3-29所示。

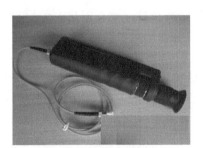

图3-26 光纤显微镜

图3-27 光纤数据测试设备

图3-28 光纤测试笔

图3-29 光纤环路测试设备

光纤显微镜是一种特殊的显微镜，专为观察光纤而设计。光纤显微镜的放大倍率范围是100～400倍。放大倍率越高，就可以看到更多的光纤细节。很多高端光纤显微镜实际上是在视频显示器上显示图像，无须通过显微镜的镜头筒来进行观察。这样的系统通常可以将3mm的光纤端部放大到一个网球的大小。

 项目案例

下面针对一些线路故障案例进行分析，帮助读者熟悉传输线路故障解决的常见步骤和常用方法。希望通过对案例的学习，读者可以初步掌握解决网络故障的思路。

案例1

故障现象：

某公司建有100Mbit/s的对等网，操作系统均为Windows XP，网卡为RTL8139。有一台计算机无论如何都不能与其他计算机相联。

故障分析：

首先对网络设置进行检查、重装各种协议，故障依旧。用最新的杀毒软件杀毒，没有病毒。将网卡拔下，更换PCI插槽插上，不起作用，更换双绞线另一端的水晶头在交换机上的插口位置，无效。初步判断是网卡或双绞线部分出了问题。为验证这一想法，从别处搬来一台联网正常的计算机做试验，结果还是不能连通，证明双绞线出了故障。

故障解决：

使用测线仪测试，双绞线时断时通，于是重做。双绞线两端的水晶头重做后，还是没有解决问题。看来，问题是出在双绞线本身了，肯定是由于双绞线质量不过关或因意外原因而使里面的细线折断导致的。出问题的计算机位于3楼，交换机位于2楼，双绞线沿楼道明线布置，由档案室的地面屋角处打孔进入交换机房。因多台计算机的双绞线混在一起固定在墙上，其中，档案室中的一段还隐藏在沉重的档案柜后，检查不便，最后只好重新布设一根双绞线。

不久前档案室搞大扫除，搬开屋角的档案柜时，发现档案柜的一只脚正压在其中的一条双绞线上，那条本是圆圆的双绞线已被近百公斤的铁柜压成了扁平状，并折了一个近90°的弯。将压扁的双绞线捏圆顺直，然后接回到机器上一试，顺利地联上了网，速度一如从前。

原来建网布线时把档案室的档案柜移开，移回时不小心让铁柜的一只脚压在了双绞线上，日久天长，双绞线被压得严重变形，使网络连接出现了故障。如果网络出现不能连通的情况，则在进行其他检查的同时，不妨注意一下线路是否有受压受挤或受折的情况。

案例2

故障现象：

校园网，部分宿舍反映校园网端口连接交换机后，部分机器在各项设置均正确的情况下，就是连接不上网络。

故障分析：

首先大概了解一下校园网的情况。学校采用的是分配固定IP，然后通过802.1x协议认证上网。每个寝室一个端口，整个寝室的人通过交换机分接，但是不能共享一个账号，必须每台计算机都认证才行。802.1x是一种"认证后不管"的方式，在认证完成、参数设置完毕后，才打开数据通路供学生上网，而这些数据是不经过认证服务器的。每台计算机上网之前先要通过认证服务器的许可，所以在终端都要装一个客户端软件。

经过测试校园网端口正常；测试网线也是通的，而且该机在局域网内也是通的；ping网关也正常。于是，另外找来一根长点儿的网线，从另外的寝室接入，拨号认证顺利通过。上网进行功能测试时发现下载文件、浏览网页都没问题，怀疑是交换机的端口损坏，但是其他计算机使用这个端口也可以上网，故基本排除端口的损坏问题。检查网卡设置，将"网卡属性"中的"高级"选项卡打开，如图3-30所示，把"Link Speed/Duplex Mode"从"Auto Mode"改成"10 Full Mode"，系统右下角显示"10Mbit/s已连接"，打开客户端，马上认证成功。故障的表面现象好像解决，但是经过细心观察发现，网卡是10/100MB自适应的，交换机也是这个速度的。再检查同一个寝室的其他计算机的接入速度，都是100Mbit/s，只有这一台显示是10Mbit/s，因此发现了潜在问题。

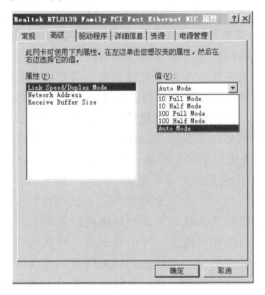

图3-30 "高级"选项卡

故障解决：

既然不是网卡和交换机的问题，而且也不是设置的问题，则基本断定是网线的问题。虽然经过测试后确定了网线是通的，但是有可能是网线质量不好引起网络丢包现象严重，所以不能通过认证。将问题网线换下并换上其他没有问题的计算机网线，再把网卡的设置恢复为自动模式，重新拨号，结果顺利通过验证。将问题网线拆开后仔细观察，发现网线内部两根线的密度明显比正规网线稀松很多，而且相互缠绕得很松，轻易就可以分开两根缠绕在一起的线路。由此断定，问题网线属于劣质网线。劣质网线虽然平时看似没有问题，而且还可以通过简单的测线仪的测试，但总会导致过多的丢包现象，不能符合相应认证的标准，所以引发网络故障。

案例3

故障现象：

服务器频频出现网路中断的现象。

故障分析：

首先检查服务器情况，服务器是富士通的，基本配置为PIII800的CPU，128M内存，两个86MB带热插拔的SCSI硬盘，网卡为GP5-182LAN10/100自适应网卡（适配器显示为Inter 82558-based 10/100 Ethernet PCI Adapter），使用联想LS-3024 10/100自适应交换机，网线使用的是五类双绞线。服务器安装Windows 2000 Server中文版，利用TCP/IP作为网络数据通信的主要协议。

故障解决：

因为服务器过于陈旧，而且服务器内容很乱，所以首先解决服务器问题。重新安装了Windows 2000 Server操作系统。安装过程十分顺利，但在调试网络时却遇到了麻烦，先是安装TCP/IP时显示地址冲突信息，待协议安装完成后，虽然在网上邻居中能看到其他机器，可ping的时候却显示网络不通。开始怀疑是网线或网卡的问题，快速做了一根网线换上，结果还是如故。估计网卡出错的可能性很大，在桌面上选网上邻居，单击鼠标右键，进入属性，选择适配器，适配器显示为Inter 82557-based 10/100 Ethernet PCI Adapter。删掉系统自带的驱动程序，再安装OEM的驱动程序，随后安装TCP/IP，重新启动后，ping后一切正常。但是只要进行数据交换的操作，通信马上中断。经过删去驱动程序和网络协议再重新安装驱动程序和网络协议的办法，启动后都能正常，只要一有数据交换的操作就又会出现中断。后来发现不更改驱动程序和网络协议，只要重新启动机器就行，系统是刚刚安装的不会有问题，可以被排除，交换机没有问题可以排除（因为网络中其他机器的通信都没问题），网线测试过也没有问题。重新使用ping命令，因为当出现数据交换时网络就中断，所以这次在使用ping的时候使用了两个参数，即－t和－l，如图3-31所示，并且将32B的数据包改成了65 000B。结果ping显示的结果非常不稳定，经常出现连接不上的现象。于是怀疑刚才匆忙做的网线存在问题，于是又重新使用原来的网线，ping过之后显示通信通畅，再做数据交换操作也是一路畅通。经过反复对网络进行各种各样的测试，依然显示良好。结果基本可以断定问题就出现在网线上。可刚开始换了网线为什么没有发现这个问题呢？原来，都是被交换机的面板迷惑了，当接上新的网线后，只注意面板上指示灯显示数据通畅，而没有做真正的数据交换的操作。在一开始断定是网卡问题的时候，在制作网线的过程中出现了疏忽，结果解决了旧问题出现了新问题。因为五类双绞线极易出现信号中断的问题，若多注意这方面的情况就不会走弯路了。基本可以判定是在匆忙之中制作的双绞线中有了断点，如双绞线和水晶头的连接处，在做水晶头时，如果网线钳使用不当，则很容易造成双绞线的断裂。这根网线显然是没有完全断掉，否则线路通信早就不通了，它只是有细微的连接，当数据包很小时就能顺利通过，而一但数据包过大过多就形成了通信线路的堵塞，使网络通信瘫痪。

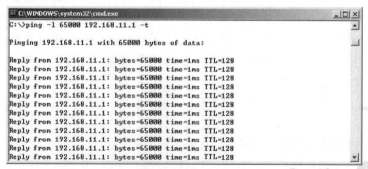

图3-31　更改数据包大小的选项和更改发包个数的选项

项目3
网络设备故障排除

项目情景 ●●

前面的项目是针对网络连接介质的故障分析和解决，本项目是针对网络设备的故障分析和解决，这两类故障在网络故障中占有很大比重。小李熟悉网络设备的配置命令和配置过程甚至是网络设备的工作原理。这些都为解决网络故障做了很好的铺垫，但是仅有这些还是不够的，在本项目中，小李将针对网络设备故障的分析解决有一个全面的认识。

项目描述 ●●

网络中网络设备类型很多，但是网络中的核心设备种类并不多，无非是三大类——交换类设备、安全类设备和路由类设备。这3类设备的硬件构成很类似，只是功能存在差异。而且安全类设备的故障率比较低，因为安全类设备如果故障率很高，那么在网络中引入安全设备就属于得不偿失了，而且安全设备的数量很有限。所以，本书的重点放在交换机和路由器这两款设备方面。

任务1　常见设备的故障分析

任务分析

要针对常见设备进行故障分析就要充分了解各类设备，在此基础上了解这些设备的故障点可能在哪些方面。如果是简单的软硬件损坏类的故障还是很好诊断和解决的，但是作为网络设备可能在没有任何损坏的情况下也出现故障，这才是需要网络维护人员进行诊断和排除的。下面将从网络连通性和网络性能等几个方面针对设备可能的故障点进行分析。

任务实施

网络设备有许多种，各种设备的功能和作用都不相同，在网络中侧重的工作场景也不尽相同。但是现在构建的网络中，有些设备起着非常重要的作用，这些设备决定着网络是否能正常运行。业内习惯把这些设备称为网络核心设备，这些设备主要是各类路由器和交换机。因为这些设备关系着网络能否正常运行，所以网络核心设备的维护是非常重要的。

企业在搭建网络的过程中都使用路由器和交换机，随着企业对网络越来越依赖，路由器和交换机便成为企业网络的命脉。如果平时没有及时对企业路由器和交换机进行相关的管理和维护，那么时间长了，慢慢地就会引发多种看似莫名其妙的故障，最后导致企业路由器和交换机不能正常工作，从而造成企业网络中断，这时就会对企业用户造成诸多不便。

现在的网络设备，如交换机和路由器的功能都很强大，内部构造也很精密，如图3-32

和图3-33所示。这种精密的内部构造导致这些设备的故障隐藏性都很高，不留心的话很难察觉到。如果出现企业路由器性能下降、网络中断等现象，再进行补救就很费劲了。另外，要是遇上雷电等突发情况，企业网络核心设备却没有预先做好足够的防备措施，那么很可能导致网络设备的损毁。

图3-32　交换机内部构造　　　　　　图3-33　路由器内部构造

尽管设备故障现象多种多样，但是各类故障也有一定的关联性。设备故障一般可以分为连通性问题和性能问题两大类。

1．连通性问题

连通性问题是最容易察觉的问题。连通性问题的表现形式主要有以下几种。

1）硬件、媒介、电源故障：网络基础设施，例如，路由器、交换机、集线器、服务器、终端设备、传输介质、电源等硬件设备，随着网络使用时间的推移或人为损坏，从而导致设备老化出现故障。通常这些网络设备都有一定的使用年限，在这个时期内可以保证设备的稳定性。

2）软件配置错误：软件配置错误是常见的网络故障。如前面所述，网络协议众多，配置复杂。如果某一种协议的某一个参数没有配置正确，则很有可能导致网络连通性问题。

3）兼容性问题：计算机网络的构建需要许多网络设备，从终端PC到网络核心的路由器和交换机。同时，网络很可能由多个厂商的网络设备组成。如果网络设备不能很好地兼容，则也会导致网络连通性问题。

2．性能问题

也许网络的连通性没有问题，但是可能某一天会发现，网络访问速度慢了下来，或某些业务的流量阻塞，而其他业务流量正常。这时，网络就出现了性能问题。一般来说，计算机网络性能问题主要如下：

1）网络拥塞：网络中任意一个节点的性能出现问题，都会导致网络拥塞。这时需要找到网络的瓶颈节点，并进行优化，以解决问题。

2）到目的地不是最佳路由：由于路由协议设计问题，导致数据没有经过最优路线到达目的网络。

3）供电不足：确保网络设备电源达到规定的电压水平，否则会导致设备出现性能问题，从而影响整个网络。

4）路由环路：如果采用距离矢量路由协议可能会产生路由环路，引发广播风暴，降低网络性能。因此，在路由协议设计时一定要避免路由环路发生。

了解了网络设备常见的故障点之后介绍网络设备故障的解决步骤。熟悉了设备故障的大致种类之后，应该如何排除网络设备故障呢？本书建议采用系统化故障排除思想。故障排除系统化是合理地、一步一步找出故障原因并解决故障的总体原则，它的基本思想是系统地将可能的故障原因所构成的一个大集合缩减（或隔离）成几个小的子集，从而使问题的复杂度迅速下降。

系统化排除故障的具体步骤如下。

步骤1：故障现象观察。首先应该了解完整、清晰的网络故障现象，标示故障发生的时间和地点及故障所导致的后果。例如，B301房间的一台PC在2月26日17:00以后不能上网等。当然，前面的例子仅是粗略的故障定义，应该根据故障的一些现象以及潜在的症结来对其进行准确定义，例如，是否不能访问所有站点，还是个别站点等。

步骤2：故障相关信息收集。首先要了解网络拓扑状况，运行的各种协议和配置；然后根据问题反馈人员的描述，向受故障影响的用户以及其他关键人员询问详细情况，必要情况下，也可以向没有受故障影响的周围人员咨询。同时，维护人员也可以借助网络设备诊断信息。使用协议分析仪跟踪记录信息等收集有用信息，并了解相关网络设备的运行情况。

步骤3：经验判断和理论分析。这需要根据网络故障排除经验和掌握的技术理论，对网络故障进行初步分析，排除一些明显的非故障点。

步骤4：各种可能原因列表。根据剩余的潜在症结制订故障的排除计划，依据故障可能性高低的顺序，列出每一种可能的故障原因。从最有可能的症结入手，每次只做一次改动。之所以每次只做一次改动，是因为这样有助于确定针对特定故障的解决方法。如果同时做了两处或更多处改动，也许能够解决故障，但是难于确定最终是哪些改动消除了故障的症状，而且对日后解决同样的故障也没有太大帮助。

步骤5：对每一种原因实施排错方案。根据制订的故障排除计划，对每一个可能故障原因，逐步实施排除方案。在故障排除过程中，如果某一可能原因经验证无效，则务必恢复到故障排除前的状态，然后再验证下一个可能的原因。如果列出的所有可能原因都验证无效，则说明没有收集到足够的故障信息，没有找到故障发生点，那就返回步骤2，继续收集故障相关信息，分析故障原因，再重复此过程，直到找到故障原因并且排除网络故障为止。

步骤6：故障排除过程文档化。当最终排除了网络故障后，排除流程的最后一步就是对所做的工作进行文字记录。文档化过程绝不是一个可有可无的工作，原因如下。

① 文档是排错宝贵经验的总结，是"经验判断和理论分析"这一过程中最重要的参考数据。

② 文件记录了这次排错中网络参数所做的修改，这也是下一次网络故障应收集的相关信息。

文件记录主要包括以下几个方面。

①故障现象描述及收集的相关信息。

②网络拓扑图绘制。

③网络中使用的设备清单和介质清单。

④网络中使用的协议清单和应用清单。

⑤故障发生的可能原因。

⑥对每一可能原因制订的方案和实施结果。

⑦本次排错的心得体会。

⑧其他，如排错中使用的参考数据列表等。

必备知识

了解了网络设备的常见故障点和针对网络设备故障的解决步骤之后，下面简单介绍几种针对网络设备故障的排除方法，这些方法没有优劣之分，只与技术人员的操作习惯和具体故障有关。

1．分层故障排除法

过去的十几年，网络领域的变化是惊人的，但有一件事情没有变化：论述网络技术的方法都与OSI参考模型有关，即使新的技术与OSI参考模型不一定精确对应，但所有的技术仍都是分层的。因此，维护人员也需要培养一种层次化的网络故障分析方法。

分层法的思想很简单：所有模型都遵循相同的基本前提，当模型的所有低层结构工作正常时，它的高层结构才能正常工作。分层故障排除法要求按照OSI参考模型，从物理层到应用层逐层排除故障，最终解决故障。在确信所有低层结构都正常运行之前，解决高层结构问题完全是浪费时间。

例如，在一个帧中继网络中，由于物理层接口的不稳定，帧中继连接总是出现反复失去连接的问题，这个问题的直接表象是到达远程端点的路由总是出现间歇性中断。这使得维护人员第一反应是路由协议出问题了，然后凭借这个感觉来对路由协议进行大量故障诊断和配置，其结果是可想而知的。如果能够从OSI模型的底层逐步向上来探究原因，则维护人员将不会做出这个错误的假设，并能够迅速定位和排除问题。

那么，在使用分层故障排除法进行故障排除时，具体每一层应该关注什么呢？

● 物理层：物理层负责通过某种介质提供到另一设备的物理连接，包括端点间的二进制流的发送与接收，完成与数据链路层的交互操作等功能。物理层需要关注的是电缆、连接头、信号电平、编码、时钟和组帧，这些都是导致链路处于down状态的因素。

● 数据链路层：数据链路层负责在网络层与物理层之间进行信息传输；规定了介质如何接入和共享；站点如何进行标识；如何根据物理层接收的二进制数据建立帧。封装的不一致是导致数据链路层故障的最常见原因。当在网络设备上使用display interface命令显示端口和协议均为up时，基本可以认为数据链路层工作正常；而如果端口up而协议为down，那么数据链路层存在故障。链路的利用率也和数据链路层有关，端口和协议是正确的，但链路带宽有可能被过度使用，从而引起间歇性的连接失败或网络性能下降。

● 网络层：网络层负责实现数据的分段打包与重组以及差错报告，更重要的是它负责信息通过网络的最佳路径。地址错误和子网掩码错误是引起网络层故障最常见的原因；互联网中的地址重复是网络故障的另一个可能的原因；另外，路由协议是网络层的一部分，也是非常复杂的一部分，是故障排除重点关注的内容。排除网络层故障的基本方法是：沿着从源到目的地的路径查看路由器上的路由表，同时检查那些路由器接口的IP地址。通常，如果路由没有在路由表中出现，则应该通过检查来弄清是否已经输入了适当的静态、默认或动态路由，然后，手工配置丢失的路由或排除动态路由协议选择过程的故障，以使路由表更新。

● 高层：高层协议负责端到端的数据传输。如果确保网络层以下没有出现问题，高层协议也没有出现问题，那么很可能就是网络终端出现了故障，这时应该检查计算机、服务器等网络终端，确保应用程序正常工作，终端设备的软硬件运行良好。

2. 分块故障排除法

分块故障排除法也是常用的故障排除方法，要使用此方法就必须了解相应系列网络设备的命令。例如，华为的display命令，其中display current-configuration命令显示了路由器和交换机等网络设备的配置文件的组织结构，它是以全局配置、物理接口配置、逻辑接口配置、路由配置等方式编排的。其实，还可以从另一种角度看待这个配置文件，配置文件可分为以下几块。

● 管理部分（路由器名称、密码、服务、日志等）。
● 端口部分（地址、封装、cost、认证等）。
● 路由协议部分（静态路由、RIP、OSPF、BGP、路由引入等）。
● 策略部分（路由策略、策略路由、安全配置等）。
● 接入部分（主控制台、Telnet登录或哑终端登录、拨号等）。
● 其他应用部分（语言配置、VPN配置、QoS配置等）。

上述分类给故障定位提供了一个原始框架，当出现一个故障案例现象时，可以把它归入上述某一类或某几类中，从而有助于缩减故障定位范围。

例如，当使用"display ip routing-table"命令时，结果只显示出了直连路由，那么问题可能发生在哪里呢？看上述的分块，可以发现有3部分可能引起该故障，即路由协议、策略、端口。如果没有配置路由协议或配置不当，则路由表就可能为空；如果访问列表配置错误，则可能妨碍路由的更新；如果端口的地址、屏蔽或认证配置错误，也可能导致路由表错误。

3. 分段故障排除法

分段故障排除法是把发生故障的网络分为若干段，逐步定位网络故障。这对排除大型、复杂的广域网络的故障是有效的，有助于更快地定位故障点。

例如，要通过路由器互联的DDN网络，结果两端终端不能互相访问，这种应用对路由器来说，配置并不复杂，而问题容易出在线路和Modem方面，就可以采用分段故障排除法来定位网络故障，把网络分为如下几段。

● 主机到路由LAN接口。
● 路由器到CSU/DSU（通道服务单元/数据业务单元）界面。
● CSU/DSU到电信部门界面。
● WAN电路。
● CSU/DSU本身问题。
● 路由器本身问题。

4．替换故障排除法

替换法是当维护人员在检查硬件是否存在问题时最常用的方法之一。当怀疑是网线问题时，更换一根确定是正常的网线试一试；当怀疑是接口模块有问题时，更换一个其他接口模块试一试。

上面列出了网络故障排除的常用方法。针对不同的网络故障，可能使用的故障排除方法也不同。例如，对大型广域网络来说，可能首先要考虑分段故障排除法，找到故障发生的具体位置。然后在故障发生点，采用分层故障排除法或其他方法来排除故障。

网络设备故障的成功排除不仅依赖于正确的故障排除方法，还需要丰富的故障排除经验和扎实的技术功底，这样才能快速、准确地定位和排除故障。

任务2　常见的交换机故障及排除

任务分析

交换机是网络中数量最多的核心设备，尤其是在交换网络中起着不可替代的作用。所以，交换机也是网络设备故障的"重灾区"。了解了常见的故障类型和排除故障的方法才能在实际工作中进行合理的运用。下面重点讲述交换机常见的故障类型。

任务实施

交换机的优越性能和价格的迅速下降，促使了交换机的迅速普及。维护人员经常会遇到各种各样的交换机故障，那么如何快速、准确地查出故障并排除呢？本任务就交换机常见的故障类型和排障步骤做一个简单的介绍。

所有交换机故障一般可以分为硬件故障和软件故障两大类。

1．交换机硬件故障

硬件故障主要指交换机电源、背板、模块、端口等部件的故障，可以分为以下几类。

（1）电源故障

由于外部供电不稳定，或电源线路老化、雷击等原因导致电源损坏或风扇停止，从而不能正常工作。由于电源故障而导致机内其他部件损坏的事情也经常发生。

如果面板上的POWER指示灯是绿色的，则表明是正常的；如果该指示灯灭了，则说明交换机没有正常供电。这类问题很容易发现，也很容易解决，同时也是最容易预防的。

针对这类故障，首先应该做好外部电源的供应工作，一般通过引入独立的电力线来提供独立的电源，并添加稳压器来避免瞬间高压或低压现象。如果条件允许，可以添加UPS（不间断电源）来保证交换机的正常供电。在机房内设置专业的避雷措施，来避免雷电对交换机的伤害。

（2）端口故障

这是最常见的硬件故障，无论是光纤端口还是双绞线的RJ-45端口，在插拔接头时一定要小心。如果不小心把光纤插头弄脏，则可能导致光纤端口不能正常通信。我们经常看到很多人喜欢带电插拨接头，理论上讲是可以的，但是这样也无意中增加了端口的故障发生率。搬运时不小心，也可能导致端口物理损坏。如果购买的水晶头尺寸偏大，插入交换机时，也容易破坏端口。此外，如果接在端口上的双绞线有一段暴露在室外，万一这根电缆被雷电击中，就会导致所连交换机端口被击坏，或造成更加不可预料的损伤。

一般情况下，端口故障是某一个或几个端口损坏。所以，在排除了端口所连计算机的故障后，可以通过更换所连端口来判断其是否损坏。遇到此类故障，可以在电源关闭后，用酒精棉球清洗端口。如果端口确实被损坏，那就只能更换端口了。

（3）模块故障

交换机是由很多模块组成的，如堆叠模块、管理模块（也叫控制模块）、扩展模块等。这些模块发生故障的几率较小，不过一旦出现问题，就会遭受巨大的经济损失。如果插拨模块时不小心，或搬运交换机时受到碰撞，或电源不稳定等，都可能导致此类故障。

这3个模块都有外部接口，容易辨认，有的也可以通过模块上的指示灯来辨别故障。例如，堆叠模块上有一个扁平的梯形端口，或有的交换机上是一个类似于USB的接口。管理模块上有一个CONSOLE口，如图3-34所示，用于和网管计算机建立连接，方便管理。如果扩展模块是光纤连接，则有一对光纤口。在排除此类故障时，首先确保交换机及模块的电源正常供应，然后检查各个模块是否插在了正确的位置上，最后检查连接模块的线缆是否正常。在连接管理模块时，还要考虑它是否采用了规定的连接速率，是否有奇偶校验，是否有数据流控制等因素。连接扩展模块时，需要检查是否匹配通信模式，如使用全双工模式而不是半双工模式。如果确认模块有故障，则应立即联系设备供应商予以更换。

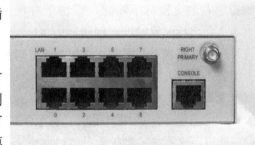

图3-34　交换机的配置口

（4）背板故障

交换机的各个模块都是接插在背板上的。如果环境潮湿，电路板受潮短路，或元器件因高温、雷击等因素而受损都会造成电路板不能正常工作。例如，散热性能不好或环境温度太高导致机内温度升高，致使元器件烧坏。在外部电源正常供电的情况下，如果交换机的各个内部模块都不能正常工作，那就可能是背板坏了。即使是电器维修工程师，对此类故障，恐怕也无计可施，唯一的办法就是换背板。

（5）线缆故障

其实这类故障从理论上讲，不属于交换机本身的故障，但在实际使用中，电缆故障经常导致交换机系统或端口不能正常工作，所以这里也把这类故障归入交换机硬件故障。例如，插头接插不紧，线缆制作时顺序排列错误或不规范，线缆连接时应该用交叉线却使用了直连线，光缆中的两根光纤交错连接，错误的线路连接导致网络环路等。

从上面的几种硬件故障来看，机房环境不佳极易导致各种硬件故障，所以在建设机房时，必须先做好防雷接地及供电电源、室内温度、室内湿度、防电磁干扰、防静电等环境的建设，为网络设备的正常工作提供良好的环境。

2．交换机软件故障

（1）系统错误

交换机系统是硬件和软件的结合体。在交换机内部有一个可刷新的只读存储器，它保存这台交换所必需的软件系统。这类错误也和常见的Windows、Linux系统一样，由于当时设计的原因，存在一些漏洞，在条件合适时，导致了交换机满载、丢包、错包等情况的发生。所以交换机系统提供了诸如Web、TFTP等方式来下载并更新系统。当然，在升级系统时，也有可能发生错误。对于此类问题，维护人员需要养成经常浏览设备厂商网站的习惯，如果有新系统推出或新的补丁，应及时下载更新。

（2）配置不当

初学者对交换机不熟悉，或由于各种交换机配置不一样，管理员往往在配置交换机时，难免会出现配置错误。例如，VLAN划分不正确导致网络不通，端口被错误地关闭，交换机和网卡的模式不匹配等。这类故障有时很难发现，需要一定的维护经验。

如果不能确定用户的配置有问题，请先恢复出厂默认配置，然后再一步一步地配置。最好在配置之前，先阅读说明书，这也是网络维护人员所要养成的习惯之一。每台交换机都有详细的安装手册、用户手册，甚至每类模块也有。由于很多交换机的手册是用英文编写的，所以英文不好的维护人员可以向供应商的工程师咨询，然后再做具体配置。

（3）密码丢失

这可能是每个管理员都曾经经历过的。一旦忘记密码，都可以通过一定的操作步骤来恢复或重置系统密码。有的则比较简单，在交换机上按下一个按钮就可以了，而有的则需通过一定的操作步骤才能解决。此类情况一般在人为遗忘或交换机发生故障后导致数据丢失，才会发生。

（4）外部因素

由于病毒或黑客攻击等情况的存在，有可能某台主机向所连接的端口发送大量不符合封装原则的数据包，造成交换机处理器过分繁忙，致使数据包来不及转发，进而导致缓冲区溢出产生丢包现象。还有一种情况就是广播风暴，它不仅会占用大量的网络带宽，而且还将占用大量的CPU处理时间。网络如果长时间被大量的广播数据包所占用，则正常的点对点通信就无法正常进行，网络速度就会变慢或瘫痪。

一块网卡或一个端口发生故障，都有可能引发广播风暴。由于交换机只能分割冲突域，而不能分割广播域（在没有划分VLAN的情况下），所以当广播包的数量占到通信总量的30%时，网络的传输效率就会明显下降。

软件故障应该比硬件故障较难查找，解决问题时，可能不需要花费过多的资金，而需要较多的时间。最好在平时的工作中养成记录日志的习惯，每当发生故障时，及时做好故障现象记录、故障分析过程、故障解决方案、故障归类总结等工作，以积累自己的经验。例如，有时在进行配置时，由于种种原因，当时没有对网络产生影响或没有发现问题，但也许几天以后问题逐渐显现出来。如果有日志记录，就可以联想到是否是前几天的配置有错误。由于很多人都会忽略这一点，所以以为是在其他方面出现了问题，当走了许多弯路后，才找到问题所在。

交换机故障的分析原则

（1）由远到近

由于交换机的一般故障（如端口故障）都是通过所连接计算机而发现的，所以经常从客户端开始检查。可以沿着客户端计算机—端口模块—水平线缆—跳线—交换机这样一条路线，逐个检查，先排除远端故障的可能。

（2）由外而内

如果交换机存在故障，则可以先从外部的各种指示灯上辨别，然后根据故障指示，再检查内部的相应部件是否存在问题。例如，POWER LED为绿灯，表示电源供应正常，熄灭表示没有电源供应；Link LED为黄色，表示现在该连接工作在10Mbit/s，绿色表示为100Mbit/s，熄灭表示没有连接，闪烁表示端口被管理员手动关闭；RDP LED表示冗余电源；MGMT LED表示管理模块。无论能否从外面得出故障所在，都必须登录交换机以确定具体的故障位置，并进行相应的排查措施。

（3）由软到硬

发生故障时，先直接拆交换机太麻烦，所以在检查时，总是先从系统配置或系统软件上着手进行排查。如果软件上不能解决问题，那就是硬件有问题了。例如，某端口不好用，可以先检查用户所连接的端口是否不在相应的VLAN中，或该端口是否被其他的管理员关闭，或是配置上的其他原因。如果排除了系统和配置上的各种可能，那就可以怀疑是硬件故障。

（4）先易后难

在遇到故障分析较复杂时，必须先从简单操作或配置上来着手排除，这样可以加快故障排除的速度，提高效率。

 知识链接

交换机，英文名称为"Switch"。"程控交换机"是指电话通信系统中使用的线路交换机。计算机网络上使用的交换机就是从电话交换机的技术上发展而来的。一般意义上的交换机是指工作在OSI参考模型中的第二层，即数据链路层上的交换机。从外观上来看，它与集线器（Hub）没有太大区别，都是带有多个端口的长方形盒状体，且都遵循IEEE 802.3及其扩展标准，介质存取方式也均为CSMA/CD，但是它们在工作原理上还是有本质区别的。

交换机的内部有一条带宽很高的背板总线和内部交换矩阵，且交换机前面的所有端口都连接在背板总线之上。在交换机中还有一个重要的组成部分，那就是内存。在内存中保存着一张MAC地址对照表，它记录着MAC地址和端口的对应关系，见表3-2。

表3-2　MAC地址端口对应表

MAC地址端口对应	端口号
0100.030a.2287	1
0100.030a.2288	2
0100.030a.2289	3

当交换机接收到一个数据时，先取出数据包中的目标MAC地址，根据内存中所保存的MAC地址表来判断该数据包应该发送到哪个端口，然后就把数据包直接发送到目标端口。如果没有在MAC地址表中找到目标端口，则发送一个广播包至所有端口，来查找目标端口。只要目标端口所连接的计算机响应，则交换机就"记住"这个端口和MAC地址的对应关系，这就是交换机的学习功能。当下一次接收到一个拥有相同的目标MAC地址的数据时，这个数据会立即被转发到相应的端口上，而不用再发广播包。这样就使得数据传输效率大大提高，且不易出现广播风暴，也不会有被其他节点侦听的安全问题。而集线器不具有这个地址表，所以Hub接收到个数据后，便将该数据发送到所有端口上，所以容易引起广播风暴，且易被其他节点侦听。

MAC地址表在交换机刚刚启动时，是空白的。当它所连接的计算机通过它的端口进行通信时，交换机即可根据所接收或发送的数据得知MAC地址和端口的对应关系，从而更新MAC地址表的内容。交换机使用的时间越长，"学到"的MAC地址就越多，未知的MAC地址就越少，从而广播就越少，速度就越快。

随着交换技术的发展，不少高档交换机提供虚拟局域网（VLAN）、网管和路由功能。其中，VLAN功能是指在一台交换机上经过配置后，把它所连接的计算机网络分为若干个相互独立的虚拟局域网。划分VLAN时，可以依据交换机上的端口，也可以依据端口所连计算机的MAC地址。如果这些VLAN之间没有经过特殊配置或线路连接，则相互之间不能通信。这一功能可以划分广播域，从而减少广播，提供更加安全的通信。路由功能则是指交换机具有第三层的路由功能，这就是常说的"第三层交换机"。

必备知识

了解了交换机的基本功能和分类之后，作为技术人员还需要了解交换机故障的一般排障步骤。交换机的故障多种多样，不同的故障有不同的表现形式。故障分析时要通过各种现象灵活运用排除方法（如排除法、对比法、替换法），找出故障所在，并及时排除。

1. 排除法

当面对故障现象并分析问题时，无意中就已经学会使用排除法来确定发生故障的方向了。这种方法是指依据所观察到的故障现象，尽可能全面地列举出所有可能发生的故障，然后逐个分析、排除。在排除时要遵循由简到繁的原则，以提高效率。使用这种方法可以应对各种各样的故障，但维护人员需要有较强的逻辑性思维，且对交换机知识有全面、深入的了解。

2. 对比法

所谓对比法，就是利用现有的、相同类型的且能够正常运行的交换机作为参考对象，和故障交换机进行对比，从而找出故障点。这种方法简单有效，尤其是系统配置上的故障，只要简单地对比一下就能找出配置的不同点，但是有时要找一台型号相同、配置相同的交换机也不是一件容易的事。

3．替换法

这是最常用的方法，也是在维修计算机中使用频率较高的方法。替换法是指使用正常的交换机部件来替换可能有故障的部件，从而找出故障点的方法。它主要用于硬件故障的诊断，但需要注意的是，替换的部件必须是相同品牌、相同型号的同类交换机部件。

由于交换机故障现象多种多样，没有固定的排障步骤，而有的故障往往具有明确的方向性，一眼就能识别得出。所以，只能根据具体情况具体分析，本单元将在后续的故障处理案例中教读者故障分析和处理的方法。

任务3　常见的路由器故障及排除

 任务分析

路由器的智能度高于交换机，所以路由器的故障处理相应地就困难一些。虽然都是网络设备，但是交换机和路由器由于在网络中的功能不同，所以它们的故障情况存在一定的差异，这些差异也导致了解决故障时使用方法的不同。这些差异是技术人员应该熟悉的。

 任务实施

从前面的介绍中可以了解到路由器和计算机一样，由硬件和软件组成。当然，问题可以出现在硬件上也可以在软件上。也许是因为很多管理员对路由器不熟悉或了解不深入的原因，有很大一部分故障都出现在软件上。

1．硬件故障

路由器的硬件包括RAM/DRAM、NVRAM、Flash、ROM、CPU、各种业务模块及主板和电源。硬件故障一般可以从LED指示灯上看出。例如，电源模块上有一个绿色的PWR（或POWER）状态指示灯。当这个指示灯亮着时，表示电源工作正常。接口模块上有ONLINE和OFFLINE指示灯及Tx、Rx指示灯。Rx指示灯为绿色，表示端口正在接收数据包；如果为橙色，则表示正在接收流控制的数据包。Tx指示灯为绿色，表示端口正在发送数据包；如果为橙色，则表示正在发送流控制的数据包。不同的路由器有不同的指示灯，表示不同的意义，所以最好先看说明书。

硬件故障有时也可以从启动日志中查出或在配置过程中看出。由于路由器在启动时会先进行硬件加电自检，运行ROM中的硬件检测程序，检测各组件能否正常工作。在完成硬件检测后，才开始软件的初始化工作。如果路由器在启动时能够检测到硬件存在故障，则会在系统的启动日志中记录下来，以便检查。如果在配置路由器时，当进入某个端口配置时，系统一直报错，那就有可能是端口的问题了。

此外，还要做好路由器运行环境的建设，如接好防雷及稳定供电电源、室内温度、室内湿度、防电磁干扰、防静电等，消除各种可能的故障隐患。

2．系统丢失

以思科路由器为例，这里是指IOS（Internetwork Operating System）丢失，IOS是路由器一切配置运行的基础——操作系统，它保存在Flash中。有时因操作失误或其他不可预料的原因（如突然断电），致使Flash中的IOS丢失，导致路由器无法正常启动。

出现此情况时，可以使用保存在ROM中的备份操作系统软件，这个备份IOS通常比Flash中的IOS版本低一点，但足以让路由器启动和工作。为了让路由器正常工作，必须重新下载新的IOS到Flash中。如果Flash的空间足够大，则还可以保存多个IOS软件，并可以选择使用哪个版本的系统。为了能够在发生此类故障后迅速恢复，最好先把IOS软件保存在安全的服务器中，以便急需。

3．系统缺陷

像Windows系统经常受各种病毒的侵扰而死机一样，IOS也有安全上的缺陷，IOS的系统缺陷也会致使路由器瘫痪，如红色代码就曾使某些著名品牌的路由器重启。如果不及时升级，不怀好意的人会把用户的路由器作为攻击目标。随着路由器的发展，现在有的路由器有自动防御攻击的功能，如抵御DOS攻击、防止密码猜测等。

IOS的系统缺陷一般不是通过补丁程序来修补的，而是替换为全新的IOS。一旦发现系统bug，路由器厂商会及时在网站上公布bug、受影响的系统和相应的新的IOS软件，用户必须选择适合自己路由器型号的版本。思科公司曾称，他们将使用"零故障"的高端路由器软件，它能消除由电路或人为因素造成的数据或信息丢失故障，即使有错误发生，数据包仍然能转发下去，从而预防网络出现故障，这样就会减少网络管理的负担。

4．密码丢失

路由器中的密码有两个地方需要设置，从前面的介绍中可以知道，访问路由器时有两个基本的访问模式——用户模式和管理模式。为了安全起见，在进入这两个模式时均需设置密码。虽然密码是管理员拥有的最大权限的钥匙，但还是有人忘记密码，甚至有人设置的密码太简单，以至于被黑客恶意进入并做了修改。其实，只要细心一点，这些低级错误都是可以避免的。

万一密码丢失，也别担心，因为路由器提供了密码恢复方法。路由器除了两个基本访问模式（用户模式和管理模式）外，还有一种RXBOOT模式，在这个模式下可以很方便地恢复路由器密码。当然，只有计算机通过CONSOLE口建立超级终端连接后才能进入。还有些路由器在面板上提供了更方便的RESET键，只要复位几次，即可恢复初始密码。

5．配置文件丢失

这也是一个经常发生的故障。首先了解一下路由器的启动过程。系统硬件先加电自检，运行ROM中的硬件检测程序，再检测各组件能否正常工作。完成硬件检测后，便进入下一步。然后，运行ROM中的BootStrap引导程序，寻找并载入IOS系统文件。IOS装载完毕后，系统先在NVRAM中搜索保存的Startup-Config文件，进行系统的配置。如果NVRAM中存在Startup-Config文件，则将该文件调入RAM中并逐条执行。随后依据配置文件中的命令进行接口地址设置和路由处理等工作。如果不能成功引导Startup-Config文件，系统则进入Setup模式，以人机对话的方式进行路由器的初始配置。

也就是说，如果启动配置文件丢失，则系统不能对路由器进行具体配置，无法完成所需的功能。若要恢复配置文件，则必须先连接到路由器上，通过TFTP方式将计算机上的备份配置复制到NVRAM上。所以，每次修改过路由器配置后，都要做好备份工作。

6. 配置错误

任何一个管理员在初学路由器时，都会出现各种意想不到的配置错误，如路由协议配置错误、IP地址和掩码错误、ACL（访问控制列表）错误、修改配置后没有保存等。ACL是一张应用于路由器某个接口的一组命令列表，这个列表告诉路由器哪种数据包应该接收，哪种必须禁止，从而达到数据过滤的效果，这是一个有效控制网络安全的手段。这个列表的书写涉及源地址、目标地址、端口号3个参数。ACL是顺序执行的，而且在所有ACL的最后会有一个默认的、不可见的"deny any"语句，即禁止任何通信。所以，在定义某个ACL时，至少有一个PERMIT语句，否则这个访问列表是没有意义的。初学者往往会忽略这一点而导致网络不通，还有可能会写错ACL中使用的端口号，ACL语句的顺序不恰当，或通配符（WILDCARD，可能与掩码混淆）不正确，接口使用错误（OUT和IN混淆）等。

这些配置上的错误是不可避免的，关键是能否在这些一次又一次的错误中学会正确配置。所以说，一个好的维护人员一定是喜欢学习、喜欢研究的。

7. 外部因素

这类故障是指除路由器以外的因素导致疑似路由器的故障。例如，客户端计算机的网卡故障、线缆接头不正确、线缆串扰等原因可能会发生数据碰撞、网络流量增大、路由器负载增加、网络变慢甚至瘫痪等问题。如果拨号路由器的WAN口线路发生故障，则会导致不能拨号。

以上的几种分类还有不太全面的地方，在实际的应用过程中，还会碰到各种意想不到的问题。路由器相比于交换机和集线器而言，它有强大的系统检测和日志记录功能，大部分的故障都有详尽的描述，通过日志能很方便地找到故障原因。

知识链接

　　路由器是一种工作在OSI参考模型中第三层（网络层）的设备，它依靠网络地址为广域网或局域网的不同网段之间提供路由选择和数据包的转发。路由器可以连接不同技术的网络，各种网络之间可以有很多个路径连通，路由器能够自动或由管理员指定选择一条代价最小、最快速、最直接的路径，并且能够在一条路径出现故障时提供备份路径。

　　和交换机中的MAC地址表类似，路由器中也保存着一张地址表，如图3-35所示，这个地址表记录着目标网络地址和路由器端口的对应关系。路由器查看每个进入的数据包的地址信息，并从路由表中为它们选择最佳路径，把它们转发到合适的下一个路由器，以便该数据包能够顺利、快速地到达目的地。路由表可以是手动配置的静态路由，也可以是路由器使用路由协议来动态计算并改变的动态路由。路由器的两个最主要的功能就是路径选择和数据包转发。它还可通过ACL（Access Control List，访问控制列表）、QoS（Quality of Service服务质量）等功能为数据流量、安全和传输质量提供控制功能。

```
================================================
Active Routes:
Network Destination        Netmask          Gateway        Interface  Metric
          0.0.0.0          0.0.0.0       10.11.73.1      10.11.73.212    20
       10.11.73.0    255.255.255.0    10.11.73.212      10.11.73.212    20
     10.11.73.212  255.255.255.255       127.0.0.1         127.0.0.1    20
   10.255.255.255  255.255.255.255    10.11.73.212      10.11.73.212    20
        127.0.0.0        255.0.0.0       127.0.0.1         127.0.0.1     1
     192.168.11.0    255.255.255.0    192.168.11.1      192.168.11.1    20
     192.168.11.1  255.255.255.255       127.0.0.1         127.0.0.1    20
   192.168.11.255  255.255.255.255    192.168.11.1      192.168.11.1    20
        224.0.0.0        240.0.0.0    10.11.73.212      10.11.73.212    20
        224.0.0.0        240.0.0.0    192.168.11.1      192.168.11.1    20
  255.255.255.255  255.255.255.255    10.11.73.212      10.11.73.212     1
  255.255.255.255  255.255.255.255    192.168.11.1      192.168.11.1     1
Default Gateway:        10.11.73.1
================================================
```

图3-35　路由器中的地址表

正如计算机需要以操作系统为基础来运行各种应用软件一样，路由器也需要相应的系统软件IOS（Internetwork Operating Sysem）来运行各种配置文件。这些配置文件是用来控制通过路由器的各种数据流的。配置文件通过使用路由协议（如RIP、OSPF、BGP等）来管理被路由协议（如IP和IPX等），并为数据包选择最佳路径而做出抉择。为了控制这些协议，必须配置路由器。

一台路由器还有很多不同类型的端口，如CONSOLE口、串口、以太网口、AUI口。通过这些端口，路由器可以连接各种广域网和局域网设备并管理设备。

现今，路由器在大型互联网和局域网中扮演着非常重要的角色，学会管理和维护路由器是每个维护人员的首要任务。

必备知识

路由器常见故障的排除步骤如下。

首先，排查路由器以外的故障，并检查路由器的外部表象，可有效地辨别硬件故障所在位置。例如，是否有客户端计算机的故障，是否有外部线路上的故障，是否下连的交换机有故障，是否有接头上的故障，电源模块、端口模块等插槽的LED指示灯是否有故障指示，风扇是否旋转，端口的连接是否正确等。虽然这些外部指示灯有时不能提供具体的故障原因，但它能为维护人员快速地发现故障提供直接线索。例如，有一个路由器的风扇不能工作了，先检查电源线和提供电源的电源模块是否正确连接，并检查电源指示灯。如果是绿色，说明风扇有电源连接，则风扇模块可能没有正确安装或已经损坏；如果是红色，说明至少有一个风扇发生故障，则可先检查风扇是否被卡住。如果排除了风扇被卡住的情况，问题还存在，则更换风扇；如果指示灯不亮，则是电源被关闭的问题。

其次，检查系统和启动日志。使用路由器提供的专用线缆，将计算机的串口连接到路由器的CONSOLE端口上。如果启动路由器，则可以在超级终端上清楚地看到路由器的启动过程，在硬件自检过程中，如果发现错误会在终端上显示错误提示信息，并记录在启动日志中。如果路由器能够找到IOS文件，并成功地引导，则说明IOS没有问题。如果在Flash中没有找到IOS软件，则需要重新下载IOS到Flash中。从路由器的启动过程可以看出，IOS引导完毕后，便将Startup-Config文件调入内存。如果不能成功从NVRAM中找到启动配置文件，则需要重新下载。对于IOS和启动配置文件丢失的情况，可以在紧急情况下，进入启动模式（这是一个常用于故障处理的模式），使用TFTP从计算机（此机的网卡必须使用交叉线连接到路由器的以太网管理端口上）上启动和调入配置文件，临时救急。

再次，检查配置文件。配置文件有两个存在方式，即启动配置文件和活动配置文件。前者是指保存在NVRAM上的启动文件。路由器启动后便调入此文件，进行路由器的具体配置，关机后不会丢失。活动配置文件是指在路由器的内存中正在运行的配置文件，关机或重启后，即会丢失。如果路由器刚刚启动，则两者是一样的。如果管理员对路由器的配置进行了修改，并在内存中激活，这时两者是不一样的。为了方便管理员检查，有的系统还提供了专门的命令。很多初学者，常常忘记把修改后的活动配置文件保存为启动配置文件，当路由器下次启动时，没有启用修改后的配置而仍然使用原来的配置文件，以致怀疑路由器出现某种故障。

然后，检查配置内容。这是路由器故障检查的重中之重，因为路由器的各种功能的实现都是由配置文件中一条一条的命令来实现的。例如，接口地址的配置、路由协议的配置、ACL的配置、SNMP的配置、日志的配置、QoS的配置、RMON的配置、NAT地址转换、端口的开关等。如果在配置中出现语法错误的语句，则路由器会在初始化时显示错误提示，在CLI（Command Line Interface，命令行接口）中配置时，也有错误提示，且都会显示在系统日志中。在配置过程中，因为有的语句必须放在某些语句的后面，所以要注意某些语句的顺序，同时还要注意注释语句的使用。

最后，检查硬件。在以上的步骤中确定了某一方面的故障后，如果发现是硬件故障，则需要拆机，更换硬件部件。不过，这一过程一般不需要维护人员亲自动手，往往由供应商或厂商的工程师来实施。

此外，当遇到自己无能为力的故障时，除了凭借个人经验、产品说明书和厂商网站提供的信息，还要迅速地想到产品供应商，并与之联系，这有助于快速解决问题。时间拖得越长，则越可能超出产品包修、包换的期限。

案例分析

案例1：
故障现象：
一个使用正常的宽带网的小区（小区接入方式是FTTB+LAN）最近屡屡出现网络故障。故障现象是网络时通时断，即使网络通的时候，网速也很低。而且开机30min左右，网络就突然中断。

故障分析：
排除故障之前先了解一下什么是FTTB（Fiber To The Building）：即光纤到楼，是一种基于优化高速光纤局域网技术的宽带接入方式，采用光纤到楼、网线到户的方式实现用户的宽带接入，这种接入被称为FTTB+LAN的宽带接入网（简称FTTB），是一种合理、实用、经济有效的宽带接入方法。FTTB宽带接入是采用单模光纤高速网络实现千兆到社区，百兆到楼宇，十兆到用户。由于FTTB仿佛是互联网里面的一个局域网，所以使用FTTB不需要拨号，并且FTTB专线接入互联网，用户只要开机即可接入Internet。FTTB接入ISP当然也不会像普通拨号上网那样遇到接入繁忙的情况，FTTB上网只有快或慢的区别，因为通过FTTB上网并没有经过电话交换网接入Internet，只占用宽带网络资源，用FTTB浏览互联网时，不产生电话费。

了解了相关技术之后下面来解决故障。首先ping电信局机房，结果提示超时无法建立连接。按照"先软后硬"的顺序，先检查系统的网络设置，没有发现问题。又怀疑是计算机的网卡故障，换了另外一台机器（笔记本式计算机）测试，仍然无法上网，排除了机器本身故障的可能。经过检测，从用户到小区交换机的连接是通的，那么问题应该出在交换机上，将有问题的用户的网线连接换了一个交换机插口，然后就能够上网了。到此，故障似乎排除了。

故障解决：

但是事情并不是这么简单。网络连接没多久，又出现了中断现象。同样方法，换一个插口以后就可以连接了。这次ping电信局机房，结果提示通了，但是很不稳定，打开网页很慢，而且有时要多次刷新才能打开。基本确定是交换机的问题，但不是简单的交换机端口的问题。在更换交换机的时候无意中伸手摸到了故障交换机的外壳，感到十分烫手。仔细观察交换机的安装环境发现，由于为了美观导致环境散热存在很大的问题，又因为正处在盛夏，所以高温导致交换机出现故障。将交换机的安装位置进行了改变，由内嵌到墙体改为外挂在墙体上，基本解决了散热问题。再进行测试上网很稳定，速度也达到要求，至此，故障彻底解决。

案例2：

故障现象：

某单位的财务中心工作人员反映，近3个月营业收入总数增加了近20%，但入账的营业收入却只增加了8%，怀疑财务系统是不是有问题，要求计费人员进行检查。财务人员首先从财务服务器查看收支记录，没有发现什么问题。检查财务服务器上的软件，工作正常。为稳妥起见，更换备用的财务服务器，但是几天后，财务中心反馈的结果还是服务器不能正确记账。

故障分析：

由于故障现象过于简单，一时无法确定具体的网络故障，所以决定进行一次网络大检查，希望能找出问题的根源。

首先观察其网络结构，财务服务器连接到一台16端口交换机的第一插槽8号端口。第9号端口下连接财务中心的100Mbit/s的以太网，网管机也设置在这里。打开网管机的网管系统，准备观察8号端口的工作情况，这时才发现无法打开8号端口的工作表数据记录。询问财务中心的网络维护人员，告知1个月前因交换机出现故障曾自行更换过备用的交换机，更换后系统工作很正常。

查看维护工作记录登记和日志，没有任何关于该交换机的维护说明，也没有关于网络工作参数的记录（记录上显示的还是财务系统开通时的原始数据）。询问维护人员为何不设置并打开交换机工作表的Mib（管理信息库）。维护人员回答说网管系统平时只用来看看系统设备是否连接以及是否有报警信号，更多的功能也不会用。由于自行更换交换机后没有发现什么问题，也没再仔细检查。

用网络测试仪的协议对话分析功能从网管机所在网段观察财务服务器的工作情况，发现服务器对约有1/3的数据包没有回应。为了不影响财务中心工作，在下班后用户使用率低的时候，用网络测试仪模拟财务服务器，测试8号端口，显示该链路工作于10Mbit/s速率（原始记录显示这个端口的速率应该是100Mbit/s）。由于交换机没有启动SNMP支持功能，所以临时在交换机某空闲端口安装了一个10Mbit/s的集线器与服务器连接，用网络测试仪从这个集线器的任意端口对财务服务器发送数据并观察服务器数据流工作情况，发现大量碰撞和错误的FCS帧，当流量为40%时，碰撞及错误流量占31%。用电缆测试仪检查服务器连接电缆，发现靠交换器页端的插头处近端串扰严重。重新更换插头并正确打线，测试结果为碰撞率下降到0.6%，错误率为0%，比较正常。然后去掉临时集线器，重新启动交换机的SNMP功能，从交换机某空闲端口向服务器发送数据，用网管系统观察8号财务服务器端口，发现当流量为50Mh/s时，碰撞率、错误率、广播率等参数均表现优良，服务器的速率恢复为100Mbit/s。为确认效果，财务人员重新进行两组各30次实际测试，财务数据完全正确。可以基本肯定财务功能已全部恢复正常。

故障解决：

通过本例故障，可以总结出一些经验：网络维护人员要对网络系统进行定期轮测（1～2年轮测一遍）。更换网络设备后一定要对网络链路进行测试（尤其是100Mbit/s链路，必须用电缆测试仪测试）。另外，网管系统要指定专人进行维护使用，一般来讲，网管系统可以覆盖约30%左右的网络故障，因此重要的网络要安装并使用SNMP，启动网络中具备SNMP功能的网络设备，否则网管系统将形同虚设。在平时的维护工作中，要求有及时、完整的工作日志和异常情况记录，这对提高处理故障的速度是非常必要的。

案例3：

故障现象：

园区式的校园网的部分网络无法使用。网络故障现象非常多样且故障现象并不统一。

故障分析：

学校分东西两个校区，核心设备都放在西校区的中心机房，东区使用光纤连接西区，并通过西区DNS服务器完成上网解析操作。实际遇到的问题是东区中的所有计算机无法上网，西区计算机访问网络没有任何问题。

西区计算机访问网络没有任何问题，基本上排除了学校服务器的故障。于是赶到东区放置交换机的机房，经过了解，原来东区各个网络都是通过交换机连接到一起的，使用了两台实达2550交换机，这两台交换机通过后面板的堆叠模块堆叠连接到一起，其中一台实达2550被配置为主交换机，另一台是从交换机。在主交换机上通过光纤模块连接光纤至西区核心机房的交换机。

到东区堆叠交换机处一看，发现主交换机加电后所有交换机端口指示灯都呈红色，并不停闪烁。20s左右后闪烁停止，所有指示灯熄灭，然后过一段时间后又会出现所有指示灯再次出现红色显示的现象，此现象反复出现。不管在指示灯呈红色还是熄灭状态下，用笔记本式计算机连接到相应端口都无法正常上网，无法获得西区DHCP服务器提供的IP地址等信息。

交换机所有端口对应指示灯呈现红色的问题绝大多数是广播风暴的体现，主要是因为交换机的某两个端口通过一根网线连接到一起。于是根据这个线索进行查询，看有没有网线连接错误的问题。反复查看后没有发现任何问题，看来不是广播风暴造成的。

用一台笔记本式计算机通过网线连接到了东区主交换机上，发现对应的端口显示灯是绿色的，说明工作正常。这时发现东区主交换机上面板显示M1（模块一）工作不正常，只有一个灯处于亮状态，其他显示速度和工作模式等指示灯都是灭的，这说明该模块并没有正常工作，而相应的M2这个堆叠模块则工作正常。继续测试交换机背板，看光纤连接是否正常，将光纤跳线重新插拔后TX灯始终不亮，而RX则始终亮着，看来是光纤模块或光纤线出问题了。

首先，查看光纤线和接口是否正常，把光纤插头拔下，在暗处可以看到有亮光，说明有信号，该插头是好的，也说明了从西区到东区这段光纤线路应该没有大的断开链路的问题。然后查看光纤接口，在暗处也可以看到有亮光。

继续检查交换机内部插槽，将主交换机实达2550后面的模块一（光纤模块）与模块二（堆叠模块）互调，结果问题依旧存在，仍然无法正常上网，指示灯还是在红色和熄灭状态之间切换，由于之前交换机堆叠没有问题，所以可以保证交换机模块插槽没有问题。

接下来检查交换机光纤模块，由于附近没有合适的设备，所以只能将该交换机卸下来，拿着这个设备到西区去测试。把实达2550交换机拿到西区连接主交换机，直接用光纤线连接主交换机，问题依旧。这样，从西区到东区的光纤链路问题可以排除了，因为在西区机房用光纤直接连接都会出现问题。使用另外一条光纤线连接两个交换机，问题依旧。调换方向和TX，RX顺序后还是不能解决问题，看来也不是光纤的问题。

这时已经可以很肯定地得出——光纤模块出问题造成了本次故障。于是把光纤模块从实达2550交换机上拆了下来，将其安装到其他交换机上进行测试，以确认故障的原因。结果确实发现故障光纤模块连接到其他交换机上工作很正常，输入输出指示灯都显示正常。

看来问题比较复杂，于是将解决故障的思路进行总结并分析。

1）故障不是广播风暴造成的，因为查询了线路不存在回路。再将这个交换机搬到西区，在没有连接任何网线的情况下进行测试，依然出现故障。

2）不管是在东区连接网络还是直接把设备拿到西区都出现此问题，说明并不是链路的问题，所以说明从西区到东区的综合布线没有问题。

3）交换机的模块插槽是好的，因为将光纤模块分别插到模块一和模块二的插槽上都出现问题，而将堆叠模块插在这两个插槽上可以正常工作。

4）交换机使用的光纤模块是好的，因为将这个光纤模块插到其他交换机上可以正常工作。

5）连接交换机的光纤和光纤接头是好的，因为通过替换法排除了其故障的可能性。

故障解决：

通过分析还是认为故障就在交换机上，但无法确定具体故障点。于是准备将交换机模块都拆下做单机测试。模块都拆下来后，发现交换机工作正常，于是将堆叠模块装上，进行测试，发现也不存在故障。再装上光纤模块，通电故障再次产生。再次拆下堆叠模块，测试光纤模块，发现也不存在故障。再次将堆叠模块装上，发现交换机又出现故障。

问题解决了，问题的根源是堆叠模块与光纤模块有冲突。两个模块之间存在冲突，所以在给交换机加电时才会出现比较奇怪的现象——所有端口指示灯都呈现红色。查询设备帮助手册后也发现了这个提示，当存在硬件冲突时，交换机会出现所有接口指示灯显红色的现象，在红色过后会自动将所有端口锁死，禁止网络的使用。

　　本次故障是因为模块之间存在冲突造成的，这是比较罕见的故障类型。理论上讲，任何模块本身是产品功能的扩展，不会出现冲突或兼容性问题。但是实际情况会有所区别。在网络维护与网络管理过程中不能着急，遇到问题不要慌张，多采用替换法和分块排查法。

　　案例4

　　故障现象：

　　网络结构的不合理或网络设备位置的架设不当，都会在用户访问网络过程中引起莫名其妙的故障，而这些结构上的问题又都发生得比较隐蔽，从而给网络维护人员查找和解决这类问题带来很多的困难。下面就介绍一例因为网络中双路由器配置不当，造成路由地址竞争故障的解决过程。

　　公司使用2Mbit/s带宽的DDN专线接入Internet，其中网络设备的具体连接方式为：使用一台CISCO 2511路由器，如图3-36所示，通过路由器上的串行口与基带MODEM相连，再通过专线将基带MODEM的RJ-11接

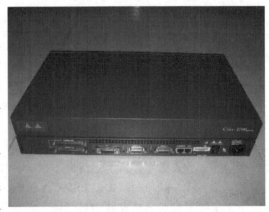

图3-36　CISCO 25系列路由器

口连接到电信局端。由于平时接入Internet的大多数用户仅使用浏览网页和收发邮件功能，而且能够接入Internet的用户量也不多。因此，在该带宽下，用户访问Internet的速率比较高。可是，在一次例行电源检修停电并来电后，普遍反映接入Internet的速度变慢，经常出现打不开网页的现象，并且有的时候需要多次刷新才能打开网页，即便能打开网页，也会出现有的图片不能打开或网页只能打开一半等现象。另外，邮件的收发也已经基本上不能进行，邮件客户端软件收发邮件时，经常出现服务器连接超时的提示。

　　故障分析：

　　首先打开浏览器上网浏览，发现测试用的计算机上同样出现用户描述的故障，因此可以排除用户系统或设置不当产生的问题。于是，打电话给公司的网络提供商，被告知该网络提供商那里网络访问一切正常，看来也不是电信局端网络出现了问题。

　　接下来，怀疑公司使用的路由器出现死机故障，因此重新启动该路由器，当路由器重新启动后，发现故障依旧存在。从日常管理经验上来看，接入Internet的速度变慢，还有可能是黑客或病毒攻击所致，于是立刻检查防火墙和网络防病毒服务器的工作日志，也没有发现可疑之处，因此，可以排除该故障是因为这类问题所致。

　　在测试用的计算机上执行tracert命令，检查访问远程主机的路由情况，发现用户数据包路由到公司接入DDN专线的路由器上，出现中断现象，于是开始怀疑该路由器存在问题，使用测试计算机通过路由器的CONSOLE口登录到该路由器中，在特权用户模式下，使用show ruuning-config命令，查看该路由器的当前运行配置，仔细比较后，并未发现路由器的当前配置存在问题，且路由状态正常。

然后，使用show history命令查看路由器的历史记录，发现最近没有任何人改变过其配置。接下来，在该路由器上，通过ping命令和traceroute命令，ping远程网络地址并跟踪路由调试，测试结果一切正常，看来发生网络阻塞的故障原因很可能是路由器的硬件出现了问题。

故障解决：

这时发现公司还有一台闲置路由器，该路由器以前曾经是被公司的另一条Internet出口使用，后由于这条链路取消，因此该设备一直闲置，由于两个路由器的型号一样，都是CISCO 2511的路由器，因此可以将其拿来替换现在出现故障的路由器。

于是从网络设备机架上找到该路由器，结果惊奇地发现该路由器处于加电状态，通过Console口登录到该路由器中，查看该路由器的当前运行配置，竟然发现该路由器配置与出现问题路由器的配置一模一样，看来Internet 出口堵塞的问题是因为两台路由器的IP地址竞争引起的。

于是先将该路由器断电，等待几分钟后，再在本地计算机上打开浏览器，访问Internet上的相应网址，发现堵塞故障消除，且访问速度很快。接下来，接收电子邮件，发现已经能够正常使用，至此故障完全解决。

事后分析原因，得知当日停电结束后，操作人员为网络设备和服务器加电时，错误地将闲置的路由器一并接电源，由于该路由器在以前对网络操作人员培训过，曾作为实验路由器，将其配置成了与正在使用的路由器的IP地址相同的地址。因此，这两台路由器同时加电后，网络中就出现了配置相同的两台路由器，造成路由器的IP地址竞争，从而出现Internet出口堵塞的故障。路由地址竞争可以引发严重的路由瓶颈问题，致使用户数据包无法向正确的路由器转发，从而造成Internet出口堵塞。同样，路由器与服务器、交换机等地址竞争也同样会引起严重的带宽平衡问题，造成网络访问故障，这点在路由器的配置和使用中尤其需要注意到。

项目4

网络逻辑故障的排除　■■■　■■　■■　■■　■■■

项目情景 ●●

小李在掌握了传输介质和网络设备两大类故障诊断和排除的技能之后发现，在网络中这两大类故障造成的影响虽然很广泛，但是这两类故障发生的概率并不高，尤其在网络生命周期的中间阶段。在这个阶段，传输介质也好、网络设备也好，都处在最佳工作状态。但是，在这个阶段网络中最常见的故障，也是用户最常报修的故障还是网络逻辑故障，此类故障占了故障总数量的很大比重。本项目，小李将熟悉常见的网络逻辑故障并掌握具体的解决办法。

项目描述 ●●

网络逻辑故障也称为网络软件故障、网络配置故障等，大体包括两大类，一类是网络配置故障，一类是网络安全故障。这些故障和硬件故障有明显的差异，处理起来也相应的困难一些，因为涉及的知识层面比较多，所以不确定性因素也比较多。下面按照上述分类分别介绍这两类常见的网络逻辑故障的诊断和排除方法。

任务1 常见的网络配置故障环节分析

任务分析

网络配置故障是指设备配置错误或软件错误等引起的网络故障。路由器配置错误、服务器软件错误、协议设置错误等都属于配置故障类别。配置故障最常见的表现就是网络不通或网络使用达不到要求。解决此类配置故障并不难，难的是要解决此类故障必须能分析出故障原因，确定是哪个环节存在配置错误。所以熟悉此类故障存在的环节是排除此类故障的关键。

任务实施

前面已经讲述了网络设备中的配置类故障，所以这里不再重复这些知识，而是学习还有哪些环节容易发生配置错误。

在网络中存在网络配置的环节很多。除了前面讲述过的网络设备外还可以分为服务器端、客户机端、服务器提供的各类服务，以及计算机操作系统上承载的各类软件等。这些环节都存在针对网络的各种配置，下面从客户机和服务器两端分别讲述。

客户机常见的配置故障环节如下。

1）网卡环节：这个环节包括网卡驱动是否正常，网卡是否存在端口、地址等设置冲突，网卡IP地址设置是否正常，网络协议和服务是否正常安装等。

2）操作系统环节：这个环节包括操作系统内部服务、进程是否存在问题，相应的网络端口是否被关闭，网络权限设置是否正常，各类硬件驱动是否安装正常等。

3）安装软件环节：是否存在软件之间的冲突，是否存在无用的浏览器插件，软件设置是否存在问题等。

服务器常见的配置故障环节如下。

1）网络设备连接端口设置环节：服务器往往和主干网设备存在物理连接，这些连接的具体设置是经常出现问题的环节；服务器网卡设置，这个环节类似客户机的网卡环节，只是服务器可能会安装两块网卡而不是客户机的一块网卡，这一点需要格外注意。

2）服务器操作系统环节：这个环节类似客户机的操作系统环节，只不过服务器的操作系统要求设置的环境更多，所以可能出现配置故障的点也就更多。

3）服务器提供的各类网络服务环节：此类故障包括的类别很多，如IIS服务、FTP服务、DHCP服务、DNS服务、活动目录、网络用户等。要解决这些环节出现的故障，需要一定的相关服务的知识作为保障。

4）服务器系统资源占用环节：此类环节看似是硬件故障类型，其实还是属于配置故障。如果在配置服务器时没有考虑服务器自身性能和网络服务之间的关系,就容易出现此类故障。此类故障可以通过负载均衡、关闭无用服务等方法来解决,通过这一点也可以看出此类故障属于网络配置故障。

了解了常见的网络配置故障发生的环节之后,下面通过大量的案例分析来接触此类故障的诊断和排除过程。

 知识链接

什么是插件

插件又称为外挂,是一种遵循一定规范的应用程序接口编写出来的程序,其只能运行在程序规定的系统平台下(可能同时支持多个平台),而不能脱离指定的平台单独运行。因为插件需要调用原纯净系统提供的函数库或数据。很多软件都有插件,插件有无数种。例如,在IE中安装相关的插件后,Web浏览器能够直接调用插件程序,用于处理特定类型的文件。有些插件程序能够帮助用户更方便地浏览互联网或调用上网辅助功能,也有部分程序被人称为广告软件或间谍软件。此类恶意插件程序监视用户的上网行为,并把所记录的数据报告给插件程序的创建者,以达到投放广告、盗取游戏或银行账号和密码等非法目的。

因为插件程序由不同的发行商发行,其技术水平也良莠不齐,所以插件程序很可能与其他运行中的程序发生冲突,从而导致如各种页面错误、运行时间错误等问题,阻碍了正常浏览。

 案例分析

案例1:

故障现象:

接入中心服务器需要添加新设备,将原来的PCI网卡移到另一个PCI插槽,并对网卡重新设置网卡的IP地址,这时,Windows 2003 Server提示该地址已经存在,无法再进行分配。

故障分析:

根据故障现象,出现这个问题的原因可能是将网卡从原先的PCI插槽中拔出后系统没有自动进行卸载网卡的操作,因此导致网卡在注册表中仍存在,只不过在"设备管理器"中把网卡隐藏了,因此用户一般看不到它的存在。由于原先网卡的设置参数依然存在,所以更换PCI槽后的网卡在被识别为新网卡时无法设置成原先的IP地址,因为这样会造成IP地址冲突。

故障解决:

首先打开"命令提示符"窗口,输入命令行"set devmgr_show_nonpresent —devices=1"并按<Enter>键,此命令是从注册表中将隐藏设备进行显示。然后,打开"设备管理器"窗口,单击"查看"菜单,选择"显示隐藏的设备"命令。最后,在"网络设备"目录中,右键单击呈灰色的网卡,单击"卸载"按钮将原先的网卡卸载。上述操作结束后,稍等几分钟再设置"新"网卡的IP地址即可。

案例2：

故障现象：

服务器安装了Windows 2003 Server系统，客户机安装了Windows XP系统。其中一台计算机重装系统后能与另外几台客户机连接，但使用NetMeeting时不能相互连接，而且不能使用服务器的共享资源。使用"ipconfig/all"命令检查该计算机的网络设置，发现其IP地址为"169.254.255.18"

故障分析：

从故障的现象看，该机器的IP地址为"169.254.255.18"，说明该计算机既没有指定固定的IP地址，也没有能够从DHCP服务器取得租借的IP，而是由Windows自动分配了一个169.254.0.0～169.255.255的IP地址。造成这种故障的原因是没有正确设置好计算机的IP地址。解决方法是为该计算机指定一个静态IP地址或使它能够使用DHCP服务租借到一个合法的IP地址。

故障解决：

为了进行全网统一管理，针对服务器提供的DHCP服务进行调整，扩大地址池。将合法的IP地址分配给这台计算机之后，故障现象消失，故障排除。

案例3：

故障现象：

网内运行和Windows XP、Windows 7、Windows 2003 Server 3种系统。在其中一台安装了Windows 2003 Server系统的计算机上安装打印机并设置为共享，该打印机在本地计算机上可以正常使用。从其他客户计算机上可打开该共享打印机的界面且能执行清理文档等维护操作，但无法正常打印（包括测试页也不能打印）。

故障分析：

要实现网络共享打印机，首先应当确保在安装共享打印机的Windows系统中启用了Guest账户或指定了共享打印机账户。既然客户端计算机能够打开共享打印机的界面，说明网络连接基本正常。客户端计算机要想使用共享打印机，必须在客户端计算机中通过"网络打印机安装向导"将共享打印机的驱动程序安装到本地系统中。

故障解决：

在客户机安装共享打印机驱动，并且检查了服务器端和客户机端使用网络共享打印机的用户设置后，重新进行打印请求，故障现象消失，故障排除。

案例4：

故障现象：

内网中的计算机A当通过"\\IP地址\共享名"的方式访问计算机B的共享资源时，系统提示"找不到网络路径"。但是计算机B却能访问计算机A中的共享资源，而且同一个局域网中的其他计算机也能正常访问计算机A中的共享资源。

故障分析：

所有的计算机都能访问计算机A中的共享资源，说明网络协议和网络连接都是正确的。

导致其他计算机无法访问计算机B中的共享资源的原因，可能是计算机B中没有安装网络文件和打印机共享协议，或计算机B安装了网络防火墙，也有可能是139、445等端口被屏蔽了。排除上述可能性后，还可重新安装TCP/IP，并正确设置IP地址信息来解决。

故障解决：

按照分析过程，一项项检查排除。首先，B计算机安装了网络文件和打印机共享协议，而且也未开启系统自带的防火墙。通过netstat命令查看相应端口正常，没有关闭，且IP地址也设置正常。因为未发现异常，将其网卡驱动进行卸载后重启计算机，再重新安装驱动，并设置正确的IP地址后，相互访问实现，故障排除。所以判断是网卡驱动紊乱导致的故障，此类故障常发生在操作系统很长时间没有整理维护的情况下。

案例5：

故障现象：

用户上网浏览网页，网页文字和图片出现大面积错位现象，严重影响正常上网浏览。

故障分析：

首先，检查用户使用的浏览器，发现是一款非IE内核的浏览器。针对浏览器进行设置后故障依旧存在。询问用户，用户说此款浏览器使用了很长时间，最近才出现此类问题。询问用户最近是否做过网络设置或安装过其他软件。用户说没有更改过网络设置，最近只安装了一款新的播放器软件。根据这种情况，怀疑是浏览器软件和播放器软件相互冲突所致。

故障排除：

首先使用IE浏览器进行网站浏览，未发现异常。将用户最近安装的播放器软件卸载后，再次使用用户习惯的浏览器进行浏览，故障解决。所以断定是因为浏览器和播放器软件之间的冲突导致浏览页面发生错位现象。此类软件冲突并不多见，尤其是跨类软件之间。此类故障一般多发生在非常用软件之间，所以建议用户安装和使用常用的功能软件。

任务2　常见的网络安全故障环节分析

任务分析

网络安全故障不等同于网络安全问题，但是这两个环节也有交集。例如，由于病毒导致网络无法连接的故障，此类故障既属于网络安全故障，也属于网络安全问题。但是这两个环节也有独立的部分，如用户信息被泄露就属于网络安全问题，不属于网络安全故障。再如，由于安装了某些"流氓软件"导致浏览器出现上网异常，这类故障属于网络安全故障，并不属于网络安全问题。所以，网络安全故障一般都是由网络安全问题引起的，但是很多网络安全问题并没有具体表现，因此不能算是网络故障。例如，木马攻击可能会对被攻击的用户存在很大的损失，但是整体网络并未出现任何故障，这就是两类问题的区别，此任务的重点是分析出可能引发网络安全故障的一些网络安全问题环节。了解了这些环节可以帮助维护人员同时解决网络安全问题和网络安全故障。

任务实施

根据中小企业网络构建形式的普遍状况，本节着重对外网安全故障环节和内网安全故障环节进行讨论。

1．外网安全故障环节

外网安全故障环节主要存在的问题有以下几大类。

（1）病毒

病毒的表象非常多，有些病毒会造成网络安全故障，如计算机染毒后无法上网、无法使用网络共享打印机、无法进行正常网络登录等。此类故障既是常见的网络安全问题，也是经常发生的网络安全故障。很多用户都经历过类似故障，此类故障排除比较困难，因为很多情况下我们都认为是网络配置出现了问题。所以作为维护人员排除故障，一定不要忽视病毒这个问题。

（2）数据扫描和监听

在网络攻击中，第一个环节就是数据的扫描和监听，网络中存在数据扫描和监听并不一定会出现网络安全问题。因为数据扫描和监听并不是真正意义上的攻击行为，防火墙可能不会截断。但是频繁的数据扫描和监听会严重地干扰用户的网络速度，这就会产生网络安全故障。用户的网络使用率会受到影响，具体表现为网速慢，经常发生重新连接或连接不上等现象。针对此类故障，应该在防火墙中进行设置，禁止频繁的数据扫描或数据监听行为。

（3）网上浏览应用

网络浏览应用也可能引发网络安全故障。互联网具有地域广、自由度大等特点，并且上网的人群各种各样，网上浏览不安全因素，如从网上下载资料可能带来病毒程序或特洛伊木马程序，此类问题就会引发网络安全问题。网络中还有很多广告类插件，这些插件还不能算是攻击软件，所以防火墙和杀毒软件不会对其进行查杀或截断。如果用户在浏览中不小心安装了这些插件就会发生类似浏览器经常弹出垃圾信息、各类广告等现象，甚至会发生DNS劫持操作。虽然这些问题不会导致用户的资产信息泄露，但是会严重地干扰用户正常的上网操作。

除了上述的几个主要问题之外，中小网络需要面对的安全故障威胁还包括一些混合型问题。例如，如果蠕虫、病毒与其他安全威胁组合起来，其危害性将会加倍；如果网络运营中存在对外的Web服务器，那么拒绝服务攻击将是严重的威胁，此类攻击会向服务器发出大量伪请求，造成服务器死机。此类故障就既是安全威胁又是网络故障。

（4）流氓软件

"流氓软件"是介于病毒和正规软件之间的软件，通俗地讲是指在使用计算机上网时，不断跳出的窗口让自己的鼠标无所适从；有时计算机浏览器被莫名修改致使增加了许多工作条，当用户打开网页时却变成不相干的奇怪画面。有些流氓软件只是为了达到某种目的，如广告宣传，这些流氓软件虽然不会影响用户计算机的正常使用，但在启动浏览器的时候会多弹出来一个网页，从而达到宣传的目的。此类网络安全故障也是非常常见的，所以软件的下载安装环节也是存在网络安全故障的一个重要环节。

2. 内网安全故障环节

内部网络安全故障环节的主要问题包括以下几个方面：

（1）内部办公网之间的广播风暴

广播风暴是内网网络的第一杀手，广播风暴对整体网络性能的毁坏作用是巨大的。一个网络中的广播信息量达到20%，维护人员就要注意了。造成广播风暴的原因有很多：典型的ARP病毒就会引发广播风暴，计算机网卡损坏也会引发广播风暴，甚至交换机的默写端口出现问题也会引发广播风暴。广播风暴将影响整个网络，是网络安全故障中的重点防范对象。

（2）内部使用者的行为

内部网络使用者也可能带来网络安全故障风险。内部用户对网络的滥用对内网是很大的隐患。在中小网络中，使用者的信息安全意识相对比较落后，对于互联网上存在的威胁往往缺乏足够的认识，对于网络的使用也没有很好的管理手段。因此，不当的上网行为使安全故障更加普遍。滥用网络带来了恶意攻击、间谍软件偷窃网络机密数据、P2P下载导致网络带宽不足、员工工作效率大幅下降等问题都会引发网络安全类故障。据IDC统计，有30%～40%的Internet访问是与工作无关的，人均每天使用2～3h的工作时间收发个人邮件、浏览娱乐网站以及在聊天室打发时间。因此，要防范网络安全故障的发生，需要针对内网用户的上网行为做适当的限制。

综上所述，中小网络出现网络安全故障的各个环节都是网络维护人员要注意的要点，也是进行网络安全故障排除时需要考虑的因素。网络安全故障往往和网络安全问题"缠绕"在一起，如果维护人员处理不及时或不正确都会给网络带来损失。鉴于对中小网络现有的环境分析，有充分的理由认为，中小网络的安全故障问题已经是整体网络维护中非常关键的环节了。

知识链接

所谓广播风暴，简单地讲，当广播数据充斥网络无法处理，且占用了大量网络带宽时，导致正常业务不能运行，甚至彻底瘫痪，这就发生了"广播风暴"。一个数据帧或包被传输到本地网段（由广播域定义）上的每个节点就是广播。由于网络拓扑的设计和连接问题，或其他原因，导致广播在网段内大量复制，传播数据帧，导致网络性能下降，甚至网络瘫痪，这就是广播风暴。

案例分析

案例1：

故障现象：

局域网中的计算机并没有执行文件读写操作，但硬盘灯却突然闪烁不停，系统反应变慢。有时候很长时间无法进行任何操作，且在使用过程中时常出现此类现象。

故障分析：

关闭了一些无用程序和开机自启动程序后，现象依旧。打开杀毒软件进行查杀也未发现病毒。发现该计算机管理员密码非常简单，于是怀疑是非法远程访问导致的系统变慢，进行木马查杀也未发现可疑文件。判定是因为系统管理员密码过于简单，被破解后被非法进行了远程访问。

故障解决：

首先，关闭本系统的TCP的3389端口，此端口是专门用来进行远程桌面访问的。然后修改系统管理员密码的复杂度，使密码难以破解。最后，修改组策略，将访问本机的用户进行限制。设置结束后，故障现象消失，故障排除。

案例2：

故障现象：

局域网上网很慢，而且是一个网段的普遍现象。关闭一些计算机后，其他计算机上网速度仍然没有提升。但是关闭所有计算机后，使用维护人员的笔记本式计算机进行上网，则速度很快。

故障分析：

将计算机一台一台进行开启，发现有一台计算机开启后整体上网就开始变慢。关闭这台计算机之后，整体网络速度就很好。于是针对这台计算机进行检查发现：这台计算机的杀毒软件没有打开自动更新，更新杀毒软件后进行查杀发现计算机系统被ARP病毒感染。这台计算机感染ARP病毒后开始在局域网网段内频繁发送广播式的ARP数据包，形成了网段内部的广播风暴，导致整体网络速度变慢。

故障解决：

针对此台计算机进行杀毒操作，将杀毒软件设置为自动更新。在此网段内进行检查，发现还有其他计算机也感染了ARP病毒。统一查杀后，故障现象消失，故障排除。

案例3：

故障现象：

一台计算机只要使用打印机就死机，不使用打印机则系统运转正常。查杀病毒后未发现可疑文件。

故障分析：

导致系统死机的原因很多，但是归根到底还是系统资源耗尽。打开系统资源管理器发现，只要启动打印机服务就会产生一个进程，这个进行可以瞬间耗尽系统资源，CPU占用率很快达到100%。

故障解决：

记录这个进程的名字，上网查询后发现此进程为合法进程，深入查询发现：由于操作系统的漏洞此进程会无限占用系统资源。杜绝此类现象必须给操作系统打补丁，则将用户的操作系统进行打补丁操作，故障现象消失，故障排除。

案例4：

故障现象：

用户使用计算机上网，输入任何网址都是打开一个商业广告的网站，而且一打开浏览器就自动指向这个商业网站。

故障分析：

此类现在是典型的DNS劫持，无论用户输入任何网址，只要是域名类的就只能到一个网站。但是如果输入网站的IP地址就能正常访问，这就是DNS劫持。发生此类故障的原因是在浏览某些网站时，被强行安装了某些插件。在以后浏览网页时，会被强行引导到一些商业网站的页面。这类插件都属于流氓软件的范畴，流氓软件分为广告软件、间谍软件、浏览器劫持、行为记录软件和恶意共享软件等，是同时具备正常软件功能和恶意行为的软件。

故障解决：

由于网络的特殊环境，未做安全防范的上网计算机比较容易感染浏览器插件类型的流氓软件。解决这个问题主要从以下几个方面来考虑：增加安全意识，不轻易接受不明软件；上网前，注意使用安全防护软件；选择优秀的杀毒软件，并且定期升级，扫描查杀病毒。

案例5：

故障现象：

很多用户上报说最近网络速度很慢，网络链接出现不可达的现象，而且这些用户处在不同的网段内部，基本可以排除病毒和设置故障。

故障分析：

因为是普遍性故障，所以从服务器端进行数据流量监控。监控一段时间发现，有几个IP地址数据流量明显超过一般用户。经过询问发现是正在使用P2P类程序进行下载。P2P类程序由于其构成原理的因素，使用时会导致大量占用网络流量和网络连接数。网内存在大量的P2P程序会严重影响网络速度。

故障解决：

首先针对这些用户给予适当的提示，然后针对这些IP地址进行限速设置，从防火墙中设置禁止所有P2P类的连接。将常用软件设置为都由服务器进行下载并提供内网文件传输服务，这样就避免了用户下载常用软件的重复流量的产生。对于与工作无关的下载也无法继续占用网络带宽。

单 元 小 结

本单元从4个方面针对网络故障检测与排除进行了讲述。通过4个项目的学习，读者可以掌握针对网络常见故障的检测和排除能力。其中，项目1的重点在于针对常见网络故障分类的掌握并培养针对网络故障按照正确的检测流程进行排查的能力。在此基础上，还针对排除网络故障的正规流程进行了讲述。项目2更贴近实战，重点讲述针对网络传输线路常见故障的检测和排除。项目3讲述了针对网络设备常见故障的检测和排除。项目4的重点在于网络逻辑故障的检测和排除。最后，本单元给出大量的实际案例，通过对案例的学习强化针对各类网络故障的检测和排除能力。

单 元 评 价

测 评 项 目	测 评 答 案	测 评 分 值	实 际 得 分
物理层、数据链路层的常见故障		10	
网络层、传输层的常见故障		10	
网络故障的排除流程		10	
网络故障的诊断流程		10	
网络故障和单机故障排除思路的区别		10	
网络故障预案的制订原则		10	
常见的双绞线故障原因		10	
网络设备常见的故障类型和引发原因		10	
网络逻辑故障的常见环节		10	
网络安全故障的常见环节		10	
总分			

附 录

附录A 常用端口和服务的对应关系

端口21

服务FTP

说明：FTP服务器所开放的端口，用于上传和下载。最常见的攻击者用于寻找打开anonymous的FTP服务器的方法。这些服务器带有可读写的目录。木马Doly Trojan、Fore、Invisible FTP、WebEx、WinCrash和Blade Runner都开放此端口。

端口23

服务Telnet

说明：远程登录，入侵者在搜索远程登录UNIX的服务。大多数情况下，扫描这一端口是为了找到机器运行的操作系统。还有使用其他技术，入侵者也会找到密码。木马Tiny Telnet Server就开放这个端口。

端口25

服务SMTP

说明：SMTP服务器所开放的端口，用于发送邮件。入侵者寻找SMTP服务器是为了传递其SPAM。入侵者的账户被关闭，他们需要连接到高带宽的邮件服务器上，以将简单的信息传递到不同的地址。木马Antigen、Email Password Sender、Haebu Coceda、Shtrilitz Stealth、WinPC、WinSpy都开放这个端口。

端口53

服务Domain Name Server（DNS）

说明：DNS服务器所开放的端口，入侵者可能试图进行区域传递（TCP）、欺骗DNS（UDP）或隐藏其他的通信。因此，防火墙常常过滤或记录此端口。

端口79

服务Finger Server

说明：入侵者用于获得用户信息，查询操作系统，探测已知的缓冲区溢出错误，回应从自己机器到其他机器的Finger扫描。

端口80

服务HTTP

说明：用于网页浏览，木马Executor开放此端口。

端口109

服务Post Office Protocol -Version3

说明：POP 3（Post Office Protocol -Version3）服务器开放此端口，用于接收邮件，客户端访问服务器端的邮件服务。POP 3服务有许多公认的弱点，关于用户名和密码交换缓冲区溢出的弱点至少有20个，这意味着入侵者可以在真正登录前进入系统。成功登录后还有其他缓冲区溢出错误。

端口135

服务Location Service

说明：Microsoft在这个端口运行DCE RPC end-point mapper，为它的DCOM服务。这与UNIX 111端口的功能很相似。使用DCOM和RPC的服务，利用计算机上的end-point mapper注册它们的位置。当远端客户连接到计算机时，它们查找end-point mapper，找到服务的位置。HACKER扫描计算机的这个端口是为了知道这个计算机上运行Exchange Server服务器了吗？是什么版本？还有些DOS攻击直接针对这个端口。

端口137、138、139

服务NETBIOS Name Service

说明：其中137、138是UDP端口，当通过网上邻居传输文件时使用这个端口。而通过139 端口进入的连接会获取NetBIOS/SMB服务权限。而NetBIOS/SMB协议常被用于Windows文件和打印机共享。

端口161

服务SNMP

说明：SNMP允许远程管理设备。所有的配置和运行信息都储存在数据库中，通过SNMP可获得这些信息，许多管理员的错误配置将被暴露在Internet上。Cackers将试图使用默认的密码public和private访问系统，他们可能会试验所有可能的组合。SNMP包可能会被错误地指向用户的网络。

端口443

服务HTTPS

说明：网页浏览端口，能提供加密和通过安全端口传输的另一种HTTP。

端口1024

服务Reserved

说明：它是动态端口的开始，许多程序并不在乎用哪个端口连接网络，它们请求系统为它们分配下一个闲置端口。基于这一点，分配从端口1024开始，即第一个向系统发出请求的会被分配到1024端口。用户可以重启机器，打开Telnet，再打开一个窗口运行natstat -a命令则会看到Telnet被分配1024端口。此外，SQL session也使用此端口和5000端口。

端口1080

服务SOCKS

说明：这一协议以通道方式穿过防火墙，允许一个IP地址通过防火墙访问Internet。理论上，它应该只允许内部的通信向外到达Internet。但是由于错误的配置，它会允许位于防火墙外部的攻击穿过防火墙。WinGate常会发生这种错误，在加入IRC聊天室时常会看到这种情况。

端口1433

服务SQL

说明：Microsoft的SQL服务开放的端口。

附录B 某公司网络维护工作规程（简略）

第一部分：网络设备维护规程

1. 每天对网络设备进行一次全面检查，并填写维护纪录。

2. 每周对设备进行一次性能测试，并填写维护纪录。

3. 每月对设备进行一次彻底的检查和保养，并填写维护纪录。

4. 如果出现设备故障，则解决故障后对所有设备进行检查和保养。

5. 如果出现各类灾害，要对所有网络设备和设备环境进行全面检查。

第二部分：线路维护规程

1. 每天对各类线路进行一次全面检查，并填写维护纪录。

2. 每周对各类线路参数进行一次性能测试，并填写维护纪录。

3. 每月对各类线路备份情况进行一次彻底检查，并填写维护纪录。

4. 每周对布线环境进行一次检查，并填写维护纪录。

5. 如果出现各类灾害，要对所有线路和线路环境进行全面检查。

第三部分：数据备份维护规程（略）

第四部分：故障处理和维护日志规程

1. 认真做好各类故障电话咨询，并认真填写报修记录。

2. 对所有报修任务需在30min内到达现场解决，如遇特殊情况无法到达现场，则必须向报修人员解释说明并承诺到达现场时间，如遇特殊情况无法到达，则必须向办公室或主管主任汇报。

3. 维修时仔细认真，如遇无法立即排除的故障，应向用户耐心解释并做记录。

4. 每项技术支持工作需进行详细记录，维修后应要求报修人员填写反馈意见并签字确认。

5. 每次外出进行技术支持、设备维护时携带必要的通信设备。

6. 维护人员每天填写工作日志和维修记录单，每周对本周报修及维修情况进行总结并连同工作人员维修记录单交办公室备案存档。

7. 加强计算机技术资料（指计算机硬件资料、系统使用手册、驱动程序、应用程序等）管理，确保资料完好无损。

8. 建立各种计算机资料使用台账，定期进行盘点。

第五部分：网络管理维护

定期检查各类地址和权限的设置，对于地址、权限和用户的更改做详细纪录。

第六部分：服务器维护

1. 如遇设备维修、更新，需中断网络服务，必须至少提前一天以张贴通知或主页活动窗口的形式通知用户。

2．如遇网络故障无法立即排除，则必须立即以张贴通知或主页活动窗口的形式通知用户。

3．每周对各种服务器进行一次检查和维护，并填写维护纪录。

第七部分：性能测试维护

每周对网络性能进行一次综合测试，获取各项参数并进行详细纪录，并针对性能改变进行分析。

第八部分：网络安全维护（略）

附录C　网络维护日志的具体内容

初建的网络维护日志应该包括计算机和网络的技术档案，并应该保存一些详细清单。这些清单应该包括设备的名称、品牌、配置文件、生产厂商、生产日期、保修期、运行状况；操作系统的种类、版本号、运行环境、权限分配；应用软件的种类、名称、用途、版本号、开发商、参数设置；网络的种类、拓扑结构、各类网络参数等。这些资料在维护工作中将起到重要的作用。在网络运行后的日常维护过程中，维护人员还要继续填写网络维护日志，具体需要记录的内容包括日常维护的数据记录、各种参数的记录、检查结果的记录等，还应该有日常维护工作项目的记录、每天维护工作的内容和时间等。如果网络出现故障，则还需要填写故障排除记录，包括排除了哪些故障、如何排除的、更换了哪些设备或线路等。系统的维护日志要有月份统计和季度统计等相关日志。填写维护日志时要做详细记录且按时填写，不要漏填一些项目。一份长期的优秀的维护日志是网络日常维护和故障排除工作的有力保障。

具体网络维护日志分类：

1．原始清单类

各类设备清单：主要记录各类设备的生产厂商、参数、保修电话、技术支持和设备的名称、品牌、生产日期及保修期和设备操作系统的版本。

设备配置文件清单：主要记录各种交换机、路由器、防火墙的主机和端口配置文件。

各类软件清单：主要记录各种操作系统、服务器版本、常用软件、业务软件、系统软件、管理软件的性能参数和网络占用率。

各类设置清单：主要记录网络中使用到的各类权限、IP地址、MAC地址、对应关系、用户、外联设置和服务器设置参数。

端口清单：主要记录各设备端口与线路的对应情况，以及端口编号、参数等相关数据。

线路清单：记录网络布线的各个子系统中使用的线路类型、参数、跳线号等相关情况。

库存清单：记录各类备份设备、线路、接口、跳线、辅助工具的库存情况。

2．日常维护记录类

设备、线路、软件升级与维护的日常记录。

3．故障排除类

记录故障的现象、原因、分析过程和解决过程。

4．统计类

对网络中发生的各类故障，包括设备故障、线路故障、接口故障的故障原因、故障现象等情况的月份和年度统计。

5．网络性能记录清单

对网络各项性能的峰值、均值、各软件流量、拓扑、基线测试结果和阈值的日常记录。

下面给出各类清单的具体设计方案，方便读者在今后的维护工作中直接使用。但是由于网络构建的差异，在今后的维护工作中还要针对网络的不同特性，对各类清单的格式进行更改、对清单中的项目进行增删，以更好地适应维护工作。所有维护日志清单一定要适合自己所维护的网络，且不要将清单的填写流于形式，这些看似烦琐的工作是进行正规化网络维护的基础，是形成网络维护规范的必由之路。任何与维护工作不适合的日志清单和流于形式的填写都不会对维护工作有一丝一毫的帮助。下面列出的清单表格中有些项目需要加深理解，为了方便读者理解，对于这些项目这里进行了范例填写，以供参考，具体见表C-1～C-24。

表C-1　各类设备登记清单

日期：　　　年　　月　　日

设备名称	作用	位置	品牌	生产日期	保修日期	保修电话	主要参数	版本	备注

表C-2　设备配置文件清单

日期：　　　年　　月　　日

设备名称	作用	位置	操作系统版本	端口类型数量	主机配置	端口配置 端口序号	端口配置 端口序号	端口配置 端口序号	备注
华为S3928交换机	网络中心各服务器连接	网管中心	10.2	24个100MB端口	略	略	略	略	没有进行VLAN配置
华为AR2831路由器	Internet连接路由	网管中心	10.2	两个串口，一个快速以太网口	略	略 S0	略 S1	略 E0	略

表C-3　各类设置清单

日期：　　　年　　月　　日

服务器名称	对应硬件机器号	作用	占用网络流量	权限设置	用户设置	内存占用数量	CPU占用	服务器参数	IP地址	MAC地址	备注
FTP服务器	网管中心3号机器	提供内外数据服务	最大限速每线程200kbit/s，最大线程数300	略	略	略	略	略	略	略	略
WWW服务器	网管中心2号机器	提供外网浏览	内网不占用流量	略	略	略	略	略	略	略	略

表C-4　各类软件清单

日期：　　　年　　月　　日

软件名称版本	类型	作用	占用网络流量	安装机器	使用频率	内存占用数量	CPU占用	正常响应时间	备注
Windows 2003 server	网络操作系统	略	略	网管中心2号机器	频繁	略	略	略	略
迅雷 5.1	下载软件	略	略	网管中心4号机器	一般	最大200MB	最大15%	2s	略

表C-5　双绞线端接检查表

日期：　　　年　　月　　日

交换机位置	网管中心		交换机编号		Wg－2		端口数		24
端口号	使用情况	对应线号	水晶头完整性	异常参数	线路外观	端口整体外观	处理意见	测试时间	备注
1	使用	01	完整	无	良好	良好	无	略	略
操作说明						操作时间			
12	使用	12	背面线卡断裂	无	良好	良好	更换水晶头		
操作说明		更换水晶头，重新作线				操作时间			

表C-6　光纤端接检查表

日期：　　　年　　月　　日

交换机/路由器位置				交换机/路由器编号			端口数		
端口号	使用情况	跳线号	光纤收发器情况	异常参数	线路外观	端口外观	处理意见	测试时间	光纤配线箱情况	备注
操作说明				操作时间					

表C-7　干线线路检查表

日期：　　　年　　月　　日

线路类型	线路说明	线槽状况	特殊要求检查	维护意见	检察日期
双绞线	水平布线	良好	参数测试达到要求	无	
光纤	楼宇干线	钢丝良好	参数测试达到要求	无	

表C-8　RJ-45模块端接检查表

日期：　　　年　　月　　日

模块说明	模块标记	对应端口	模块外观	跳线测试	处理意见	检查日期

表C-9　线路辅助检查表

日期：　　　年　　月　　日

接地情况	防雷情况	其他情况	线路存储	接头存储	光跳线存储	工具情况	检察日期

表C-10 软件升级清单

日期： 年 月 日

软件名称	硬件机器号	作用	软件名称	软件作用	升级日期	升级内容	特殊情况	备注

表C-11 故障排除记录

发生时间：			解决时间：				
值班人			处理人			用户签字	
故障现象							
分析过程							
解决过程							
原因总结							

表C-12 故障类型统计

维护周期： 年 月 日至 年 月 日

故障位置	故障说明	故障原因	故障类型	细分故障类型	故障涉及设备	故障涉及介质	故障涉及网络服务	备注

表C-13 网络性能记录清单

日期： 年 月 日

测量网段	网段作用	连接性	协议分布	包传输延迟（响应时间）	包丢失率	包误差率	流量参数				业务可用性
							pps		bit/s		
							峰值	均值	峰值	均值	

表C-14 网络设备维护日志

日期： 年 月 日

值班时间： 时至 时		交班人：	接班人：	
维护类别	维护项目	维护状况	备注	维护人
设备运行环境	外部状况（供电系统、火警、烟尘、雷击等）	□正常 □不正常		
	温度（正常15℃~30℃）	□正常 □不正常		
	湿度（正常40%~65%）	□正常 □不正常		
	机房清洁度（好、差）	□好 □差		
设备运行状态检查	主控板（MPU）指示灯状态	□正常 □不正常		
	网板（NET）指示灯状态	□正常 □不正常		
	时钟板（CLK）指示灯状态	□正常 □不正常		
	电路板（LSU）指示灯状态	□正常 □不正常		
	接口卡指示灯状态	□正常 □不正常		
	设备表面温度	□正常 □不正常		
	设备报警情况	□正常 □不正常		

网络维护与故障解决

（续）

值班时间： 时至 时		交班人：	接班人：	
维护类别	维护项目	维护状况	备注	维护人
设备运行软件检查	各接口状态检查	□正常 □不正常		
	配置命令检查	□正常 □不正常		
	路由表检查	□正常 □不正常		
	日志内容检查	□正常 □不正常		
故障情况及对应处理				
遗留问题				
核查				

表C-15　日常外部环境维护操作指导

维护类别	维护项目	操作指导	参考标准
外部环境检查	机房电源（直流/交流）	查看电源监控系统或测试电源输出电压	电压输出正常，电源无异常告警
	机房清洁度		
	机房温度	测试温度	温度范围为0～40℃，建议为15～30℃
	机房湿度	测试相对湿度	相对湿度为10%～90%，建议为40%～65%

表C-16　日常设备运行状态维护操作指导

维护类别	维护项目	操作指导	参考标准
设备运行状态检查	主控板（MPU）指示灯状态	观察MPU面板指示灯	正常情况下，ALM灯常灭；RUN灯慢闪；主用MPU的ACT灯常亮，备用MPU的ACT灯常灭
	网板（NET）指示灯状态	观察NET板面板指示灯	RUN灯：正常快闪（0.5Hz）；ACT灯：主用亮，备用灭
	时钟板（CLK）指示灯状态	观察CLK板面板指示灯	RUN灯：正常快闪（0.5Hz）；ACT灯：主用时亮，备用时灭
	电路处理板（LPU）指示灯状态	观察LPU板面板指示灯	LPU只有一个RUN指示灯，颜色为绿色，慢闪（1s为周期）为正常状态，快闪（0.5s为周期）为告警状态
	接口卡指示灯状态	观察各接口卡指示灯状态	各种接口卡的灯和数量和颜色不同，具体请参见随机手册
	设备表面温度	测试设备表面温度	用机房温度计测试设备附近的最高温度不超过40℃

表C-17　日常设备运行软件维护操作指导

维护类别	维护项目	操作指导	参考标准
设备运行软件检查	各接口状态检查	执行display interface命令	各工作接口物理层报UP，协议报UP
	配置命令检查	执行display current命令	所有配置命令正确无误，无冗余命令
	路由表检查	执行display ip rout命令	路由表中路由正确无误（下一跳地址及接口正确），无冗余路由
	日志内容检查	执行display logging buff命令	日志中是否有严重的报警及异常信息

表C-18 路由交换机月度维护记录表

维护周期： 年 月 日至 年 月 日

维护类别	维护项目	维护状况	备 注	维 护 人
设备维护	设备风扇状态	□正常 □不正常		
	值班电话状态	□正常 □不正常		
系统维护	查询系统时间	□正常 □不正常		
	更改Telnet的用户名及登录密码	□完成 □未完成		
远程维护	远程维护功能测试	□正常 □不正常		
机柜维护	机柜清洁检查	□正常 □不正常		
发现问题及处理情况记录				
遗留问题说明				
核查				

表C-19 路由交换机月度维护操作指导

维护类型	维护项目	操作指导	参考标准
设备运行状态检查	设备风扇状态	观察风扇转动情况	风扇叶片转速均匀，风扇通风正常
	值班电话状态	测试通话情况	值班电话均可正常通话
系统维护项目	查询系统时间	执行display clock命令	系统与当前实际时间一致
	更改Telnet的用户名及登录密码	执行local-user命令	每月更改密码
远程维护功能测试	测试远程维护功能	从远端登录路由器	登录正常，远程维护能正常进行
机柜清洁检查	机柜清洁检查	观察机柜内部和外部	机柜表面干净，机框内部灰尘不得过多，否则必须清理

表C-20 路由交换机年度维护记录

维护周期： 年 月 日至 年 月 日

维护类别	维护项目	维护状况	备 注	维 护 人
接地、地线、电源线连接检查	地阻检查	□正常 □不正常		
	地线连接检查	□正常 □不正常		
	电源线连接检查	□正常 □不正常		
发现问题及处理情况记录				
遗留问题说明				
核查				

表C-21 路由交换机数据修改记录表

修 改 人	修 改 时 间	修 改 原 因	修 改 内 容

表C-22　路由交换机年度维护记录填写指导

维护类型	维护项目	操作指导	参考标准
接地、地线、电源线连接检查	地阻检查	使用地阻仪测试地阻	联合接地地阻小于10Ω。
	地线连接检查	检查地线与局方地线连接是否安全可靠	① 各连接处安全、可靠、无腐蚀 ② 地线无老化 ③ 地线无腐蚀，防腐蚀处理得当
	电源线连接检查	检查电源线与局方电源的连接是否安全可靠	① 各连接处安全、可靠、无腐蚀 ② 电源线无老化

表C-23　路由交换机突发事故处理记录表

发生时间：		解决时间：	
值班人		处理人	

问题类别：

① 电源问题

② 电缆或配线架问题

③ 主控单元（MPU）问题

④ 线路处理单元（LSU）问题

⑤ 业务接口卡（GE、ATM、POS、FE等）问题

⑥ 设备软件问题

⑦ 接地或电源连接问题

⑧ 配置数据问题

⑨ 操作问题

⑩ 其他（温度、湿度、鼠害、电磁干扰等）

故障描述：

处理方法及结果：

表C-24　路由交换机板卡更换记录表

更换原因	原板卡名称和型号	更换数量	更换日期	更换人

参 考 文 献

[1] Stephen Haag，Maeve Cummings．Information-Age Management Information System [M]．北京：机械工业出版社，2009．

[2] 蒋宗礼．计算机网络导论[M]．北京：高等教育出版社，2001．

[3] 高大伟．局域网组成实践[M]．北京：科学出版社，2009．